I0058665

Mitteilungen
des Instituts für Strömungsmaschinen
der Technischen Hochschule
Karlsruhe

Herausgegeben vom Institutsvorstand

W. Spannhake

o. Professor

Heft 1

mit 74 Abbildungen im Text und 13 Bildtafeln

Verlag von R. Oldenbourg · München und Berlin 1930

Alle Rechte, insbesondere das der Übersetzung, vorbehalten.

Copyright 1930 by R. Oldenbourg, München und Berlin.

Druck von R. Oldenbourg, München und Berlin.

Vorwort.

Das vorliegende erste Heft der „Mitteilungen" enthält außer einer kurzen Beschreibung des Instituts eine rein theoretische und zwei theoretisch-experimentelle Arbeiten.

Die erste und zweite Arbeit hängen sehr eng miteinander zusammen. Sie gehören einem Gebiet an, das ich im Jahre 1925 auf der Hydrauliker-Tagung in Göttingen, wie ich glaube, erstmalig betreten habe[1]) und das inzwischen mehrfach von anderer Seite[2]) mit den in Göttingen von mir vorgetragenen Methoden bearbeitet worden ist. Dieses Arbeitsgebiet gliedert sich in das größere der Erforschung der tatsächlichen Strömung durch Kreiselräder ein; es umfaßt speziell die Untersuchung der theoretischen Potentialströmung durch Kreiselräder sowie ihren Vergleich mit wirklichen Strömungen. Mein eigener, in diesem Heft vorliegender Aufsatz ist eine Erweiterung meines Göttinger Vortrages. Er beschränkt sich zwar auf das gleiche Beispiel wie dieser, behandelt aber ausführlich nicht nur den Fall von Kreiselpumpen, sondern auch den von Turbinen und dringt erstmalig zur Berechnung von Geschwindigkeits- und Druckverteilung an der Schaufel vor. Außerdem ist er in der Absicht geschrieben, die mathematischen Methoden physikalisch anschaulich zu machen; ich habe mich daher bemüht etwas „didaktisch" zu sein. Schon aus diesen Gründen glaubte ich eine frühere Arbeit in erweiterter Form nochmals bringen zu dürfen, obgleich andere das Problem mit den gleichen Methoden bereits für allgemeinere Schaufelformen gelöst haben[2]). Ich glaubte mich um so mehr dazu berechtigt, ein mir zur anschaulichen und „lehrhaften" Behandlung besonders geeignet erscheinendes Beispiel nochmals hervorzuholen, als ich selbst zusammen mit dem Verfasser der zweiten Arbeit dieses Heftes eine Methode angegeben habe, die von der meiner- und anderseits bisher befolgten wesentlich abweicht[3]).

Die zweite Arbeit befaßt sich mit der Untersuchung der reinen Verdrängungsströmung. Die Zerlegung der Gesamtströmung in Teilströmungen, von denen die Verdrängungsströmung eine ist, wird im ersten Aufsatz ausführlich besprochen. Dort wird aber auch darauf hingewiesen, daß die theoretische Verdrängungsströmung für sich allein nicht bestehen kann, sondern in eine andere umschlägt. Deren Erforschung unter stark verschiedenen Verhältnissen sowie der Darstellung der beobachteten Strombilder wiederum durch Ansätze der Potentialtheorie ist die zweite Arbeit gewidmet.

Die dritte Arbeit legt den Schwerpunkt auf Konstruktion und Verwendung eines neuen Gerätes zur Messung von Kräften an den Schaufeln eines Kreisgitters. Die sehr weitgehende Variation von Schaufelzahl und Schaufelwinkel in den mit dem Meßgerät durchgeführten Versuchen dürfte bisher nicht erreicht sein und auch den praktischen Turbinenbauer unmittelbar interessieren.

Zur Zeit laufen im Institut die folgenden Arbeiten:

Die turbulente Geschwindigkeitsverteilung in Rotationshohlräumen.

Verschiedene Kombinationen von Durchfluß- und Verdrängungsströmung (im Anschluß an die zweite Arbeit dieses Heftes).

---

[1]) Literaturverzeichnis zum ersten Aufsatz Nr. 11.
[2])   „   „   „   „   „ 13, 14, 15.
[3])   „   „   „   „   „ 16.

Druckverteilung an den Schaufeln einer Kaplanturbine mit verschiedener Schaufelzahl.

Vergleich von Saugrohrformen nach bautechnischer, strömungstechnischer und wirtschaftlicher Seite hin (gemeinsam mit dem Bautechnischen Institut des Herrn Prof. Dr. Probst).

Die veröffentlichten und ein großer Teil der noch laufenden Arbeiten sind durch Unterstützung seitens der Notgemeinschaft der deutschen Wissenschaft zustande gekommen.

Ich spreche auch an dieser Stelle der Notgemeinschaft herzlichsten Dank aus.

Die Arbeiten geben Zeugnis von den Zielen und Methoden des Instituts. Jede Waffe ist uns recht, die zur fortschreitenden Erkenntnis führt. Würden die verwendeten Methoden an sich und durch die Art der Darstellung auch dem in der Praxis stehenden Ingenieur Anregungen geben, so würde dies dem Institutsvorstand besondere Genugtuung bereiten.

Karlsruhe, November 1929.

W. Spannhake.

Inhaltsverzeichnis.

Kurze Beschreibung des Laboratoriums für Strömungs- maschinen.

Die Sondereinrichtungen zur Erforschung von Einzelheiten der Strömungen in den Maschinen werden bei jedem Aufsatz für sich besprochen. Hier mögen nur die Modellversuchsanstalt für Turbinen und Pumpen beschrieben werden[1]).

Das Schema der

Modellversuchsanstalt für Turbinen

zeigt Abb. 1. Die Turbine t ist dort mit senkrechter Welle und geradem, kegelförmigem Saugrohr gezeichnet; es können aber auch waagerechte Wellen und Saugrohrkrümmer eingebaut werden. Die Turbine sitzt in einem Druckkessel k_1. Ihre Welle tritt durch eine Stopfbüchse aus dem Kessel heraus und trägt eine Bremsscheibe b mit Pronyschem Zaum. Das Moment wird durch Hebeldruck auf eine Waage gemessen. Die Bremse wird selbsttätig geregelt, indem die geringen Ausschläge der Waage einen Elektromotor steuern, der am Bremsband zieht.

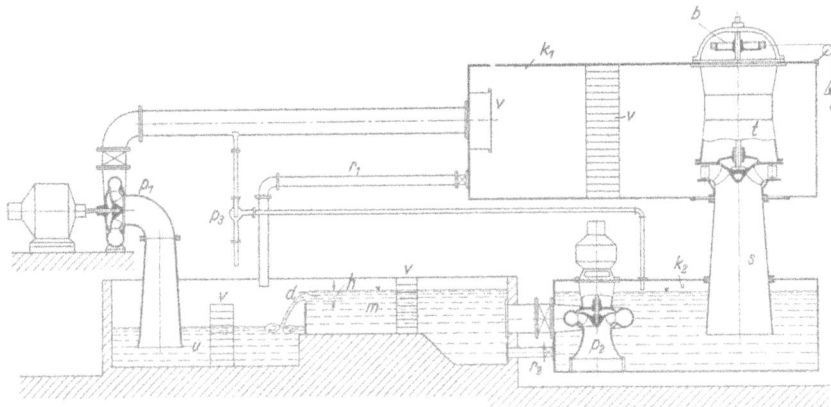

Abb. 1.

Der Druckkessel wird durch die Pumpe p_1 unter Druck gesetzt, die aus dem Pumpensumpf u Wasser ansaugt und es der Turbine t zudrückt. Im Druckkessel sind Beruhigungsvorrichtungen und Gleichrichter v vorgesehen. Von der Turbine strömt das Wasser durch das Saugrohr s in einen Saugkessel k_2, aus dem das Wasser mittels der Wasserpumpe p_2 und die Luft mittels der Luftpumpe p_3 nach Belieben abgesogen werden.

Die Pumpe p_2 fördert das Wasser in den Meßkanal m, wo seine Menge durch die Überfallhöhe h über der Kante d gemessen wird. Hinter dem Überfall fällt das Wasser in den Pumpensumpf u, von dem aus der Kreislauf von neuem beginnt. Durch Regeln der Druck- und Saugpumpen mit Hilfe ihrer Antriebmotoren und durch Drosseln der Leitungen kann man innerhalb der Leistungs-

---

[1]) Vgl. Zeitschrift des VDI. 1929, Nr. 36, S. 1280, »Das Institut für Strömungsmaschinen der Technischen Hochschule Karlsruhe«.

fähigkeit der Pumpen jedes Gesamtgefälle und dieses beliebig aufgeteilt in die Anteile des Druck- und Sauggefälles bei gegebener Wassermenge herstellen. Gerade diese Eigenschaft der Versuchsanstalt ist besonders wertvoll. Nebenbei bemerkt, kann man von einer Aufteilung des Gesamtgefälles in eine andre in etwa 10 min übergehen.

Da sich kleinere Schwankungen des Beharrungszustandes und damit auch der Durchflußmenge an der Turbine nicht vermeiden lassen, so muß man den Druck im Druckkessel und die Luftleere im Saugkessel durch Druckregelungen selbsttätig konstant halten. Diese bestehen aus zusätzlichen Nebenkreisläufen, die Wasser durch eine Leitung r_1 aus dem Druckkessel in den Pumpensumpf u oder durch eine Leitung r_2 aus dem Meßkanal m in den Saugkessel k_2 zurücklassen. Diese Nebenströmungen werden bei sinkendem Druck im Kessel k_1 oder steigendem in k_2 schwächer und im umgekehrten Fall stärker angestellt.

Zum Teil sind im Druckkessel k_1, der in zwei Stockwerken ausgeführt ist, die Druckregelungen durch Streichwehre ersetzt. Über diese fällt das nicht von der Turbine geschluckte Wasser unter Einhaltung eines freien Oberwasserspiegels in Seitenräume, aus denen es durch Überlaufrohre in den Pumpensumpf zurückläuft. Zwei solche Streichwehre sind vorhanden, mit denen sich Druckgefälle von 4,5 und 2 m einhalten lassen. Alle andern Druckgefälle werden mit geschlossenem Druckkessel und der beschriebenen Druckregelung untersucht. Sämtliche wichtigen Schieber werden elektrisch bewegt und vom Beobachtungsstand aus durch Druckknöpfe eingestellt.

Für Freistrahlturbinen vereinfacht sich naturgemäß die Versuchseinrichtung, da es hier keine Sauggefälle gibt. Die Düsenkonstruktion des Peltonrades wird mittels einer Rohrleitung an den Druckkessel k_1 angeschlossen, und das Wasser fließt vom Laufrad unmittelbar in den Meßkanal m.

Modellversuchsanstalt für Pumpen.

Auch zur Untersuchung von Pumpen benutzt man nur den Pumpensumpf u, Abb. 2, und den Meßkanal m und braucht das Druckrohr r der Pumpe nur vor der Beruhigungsvorrichtung v in diesen zu leiten. Große Saughöhe erhält man durch Drosseln der Saugleitung, große Druckhöhe durch Drosseln der Druckleitung. Dabei ist darauf geachtet, daß die Drosselteile b genügend weit von

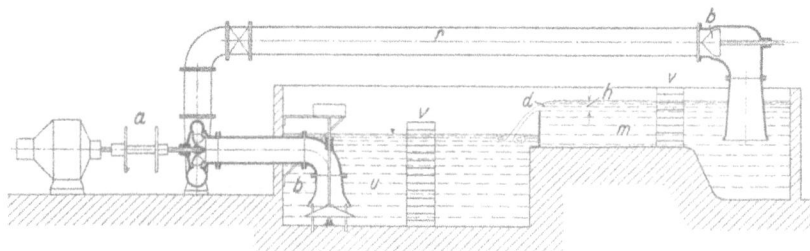

Abb. 2.

der Pumpe entfernt sind und zentrisch in den Rohrleitungen sitzen, damit die unmittelbare Zu- und Abströmung an der Pumpe nicht gestört wird. Die zugeführte Leistung wird durch den Torsionskraftmesser a, Bauart Bamag, zwischen Antriebmotor und Pumpe gemessen, wenn die Messung der Motorleistung auf elektrischem Wege nicht genügt.

Die räumliche Anordnung ist wesentlich gedrängter, als sie nach den schematischen Abbildungen 1 und 2 zu sein scheint. An Stelle einer Druckpumpe sind drei von verschiedener Leistung und an Stelle einer Saugpumpe zwei von gleicher Leistung vorhanden. Sämtliche Pumpen werden von Gleichstrommotoren mit Feldregelung angetrieben, so daß die Drehzahlen in weiten Grenzen geändert werden können. Auf diese Weise sind die stärksten Änderungen von Wassermengen und Gefällen möglich. Die Motoren der Druckpumpen der Turbinenversuchsanstalt leisten insgesamt 55 PS, die Leistung der beiden Saugpumpen ist ungefähr die gleiche. Für den Pumpenversuchstand steht vorläufig ein Motor von etwa 25 PS Leistung zur Verfügung, doch ist auch hier eine Steigerung vorgesehen. Sämtliche Pumpen hat die Firma Klein, Schanzlin & Becker, Frankenthal, hergestellt.

Durch besondere Anordnung der Rohrleitungen ist es möglich, die vorhandenen Pumpen bei ungewöhnlichen Betriebszuständen laufen zu lassen, deren Untersuchung unter Umständen zur Klärung von Strömungsvorgängen dient. So können z. B. die aufgestellten Druckpumpen umgekehrt als Turbinen laufen; man kann ferner durch eine Pumpe das Wasser in umgekehrter Richtung strömen lassen und damit die gewöhnliche Pumpencharakteristik über die Fördermenge null hinaus erweitern. So ergab sich für eine Kreiselpumpe von 200 mm Stutzenweite bei 35 l/s Wassermenge und 3,2 m Förderhöhe ein Wirkungsgrad von 71%. Lief das gleiche Rad als Turbine mit umgekehrter Drehrichtung bei 4 m Gefälle und 50 l/s Wassermenge, so ergab sich 79% Wirkungsgrad. Auch für Kavitationsversuche werden die angegebenen Schaltungsmöglichkeiten verwendet.

Der Modellmaßstab.

Die Frage der Größe der Modellräder (und damit der Leistungen und Drehzahlen) mußte sorgfältig erwogen werden. Heute liegen unter andern zwei wichtige Erfahrungen vor: Ein Modellrad mit einer spez. Drehzahl $n_s = 305$ U/min und 180 mm Dmr. ergab bei 5 m Gefälle und etwa 5,5 PS Leistung einen Wirkungsgrad von 84,5%, während ein genau ähnliches Rad von 460 mm Dmr. bei 4,5 m Gefälle und 50 PS Leistung in der Versuchsanstalt der ehemaligen Firma Briegleb, Hansen & Co., einen Wirkungsgrad von 85,5% ergeben hatte. Ein Kaplan-Modellrad von 230 mm Dmr. hatte bei 4,8 m Gefälle und etwa 10 PS Leistung bei Anordnung eines senkrechten, geraden Saugrohres 87,5% Wirkungsgrad. Die Modellversuche wurden für die Turbinen des Oberrheinischen Kraftwerkes Ryburg-Schwörstadt, die 7 m Dmr. erhalten und von denen man über 90% Wirkungsgrad erwartet, ausgeführt. Diese Ziffern dürften zur Genüge beweisen, daß die Abmessungen der Versuchsanstalt und der Versuchsgegenstände für Modellversuche ausreichen.

Eine strömungstechnische Aufgabe der Kreiselradforschung und ein Ansatz zu ihrer Lösung.

Von W. Spannhake.

1. Anlaß und Möglichkeiten für die Untersuchung der Potentialströmung in Kreiselrädern.

Die eindimensionale (Eulersche) Kreiselradtheorie ist für den Ingenieur unentbehrlich, wenn es sich darum handelt, die Hauptabmessungen und Schaufelwinkel sowie die Drehzahl einer Kreiselradmaschine festzulegen, die einem gegebenen Betriebsfall mit großer Annäherung entspricht, und darüber hinaus das Verhalten der so festgelegten Maschine bei Betriebszuständen, die von dem ursprünglich gegebenen abweichen, schnell zu überblicken. Sie rechnet dabei nur mit den Anfangs- und Endwerten des Strömungszustandes am Ein- bzw. Austritt der Leit- und Laufschaufelkanäle sowie der Zu- und Ableitungsorgane und macht zum Bestimmen dieser Werte aus den Strömungsquer-

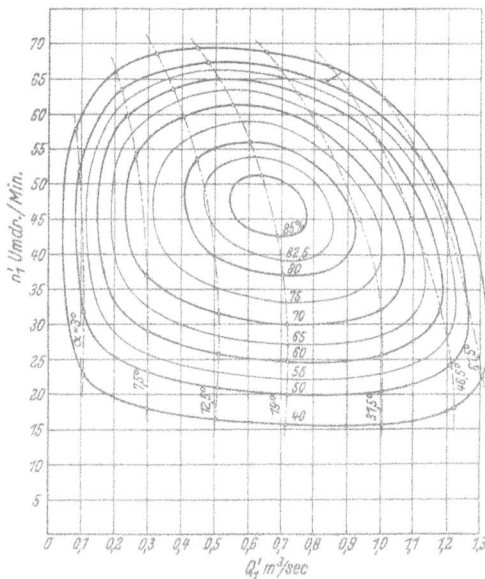

Abb. 1.

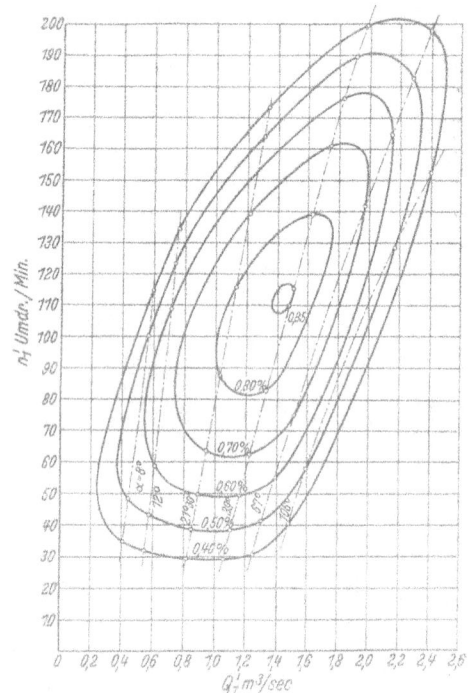

Abb. 2.

schnitten vereinfachende Annahmen, wobei sie als wesentliche Vorstellung die einer ausgeprägten Durchflußströmung durch die Maschine zugrunde legt. Die eigentliche Formgebung der Strömungsräume (Schaufelkanäle, Saugrohre, Spiralgehäuse) überläßt sie anderen Überlegungen, die im wesentlichen darauf hinauslaufen, die Erfahrungen über „gut" und „schlecht", die zunächst an allgemeinen Formen für Strömungsführung (Rohren, Krümmern), dann aber auch im besonderen an Ausführungen von Kreiselradmaschinen gewonnen sind, zu verwerten und nach ihnen die unvermeidlichen Energieverluste abzuschätzen bzw. die für einen gegebenen Konstruktionsfall passenden Formen zu wählen. Die so aufgebaute Theorie leistet erstaunlich viel. So kann man mit ihrer Hilfe z. B. das charakteristische Verhalten ganz verschiedener Kreiselradtypen wie Turbinen-Langsam- und Schnellläufer in prinzipiell überaus treffender Weise vorausberechnen. Abb. 1 ist das so ermittelte Diagramm einer langsamläufigen, Abb. 2 das einer schnelläufigen Turbine. Beide zeigen im allgemeinen Aussehen vorzügliche Übereinstimmung mit bekannten Bremsresultaten. Sogar die allgemeinen Eigenschaften von Propeller- und Kaplanturbinen und ihr Verhalten bei stark verschiedenen Betriebszuständen gelingt es mit dieser Theorie zu erfassen.

Auf diesem wichtigen Gebiet der Vorausberechnung des Verhaltens der Maschinen versagt die eindimensionale Theorie erst gegenüber solchen Betriebszuständen, bei denen die eigentliche Durchflußströmung durch die Kreiselradmaschine stark von Sekundärströmungen überlagert oder vollständig von ihnen verdrängt wird. Diese Zustände spielen bei Pumpen eine weit stärkere Rolle, als bei Turbinen. Um dies einzusehen, braucht man nur zu bedenken, daß Wasserturbinen bei Leerlauf mit Konstruktionsdrehzahl immer noch eine (bei Schnelläufern sogar erhebliche) Durchflußströmung haben, daß hier also ein Betrieb mit gefüllter Maschine, aber ohne Durchflußströmung gar nicht vorkommt, daß dagegen bei Pumpen die Frage des Kraftbedarfes bei gefüllter Maschine, aber geschlossenem Druckschieber eine wesentliche Rolle spielt. Naturgemäß kann man der Lösung solcher Fragen mit einer Theorie, die sich ganz wesentlich auf die Vorstellung einer ausgesprochenen Durchflußströmung stützt, nicht beikommen. Aber auch sonst versagt die Theorie, und zwar dadurch, daß sie auf Schaufelzahl und Schaufelform gar nicht eingeht, gegenüber einigen wichtigen Sonderaufgaben. Sie ergibt für die Leistungsaufnahme bzw. -abgabe zu hohe Werte. Sie macht für das Herstellen hydrodynamisch stoßfreien Überganges der Strömung in ein feststehendes oder rotierendes Schaufelgitter nur angenähert richtige Angaben. Sie gibt keinen genauen, bis zur Kenntnis einzelner lokaler Werte vordringenden Aufschluß über die Druckverteilung. Von dieser gestattet sie nur Mittelwerte zu errechnen, und zwar zunächst nur solche am Ein- bzw. Austritt der verschiedenen Schauflungen; erst, wenn man die Theorie zu einer ausgesprochenen Stromfadentheorie erweitert, indem man die Relativströmung in einem mittleren Faden erfolgend denkt, dem man Querschnitte, Winkel gegen und Abstände von der Achse entsprechend den Kanalformen zwischen den Schaufeln zuschreibt, kann man auch Mittelwerte des Druckes innerhalb der Schauflung errechnen. Aber diese Kenntnis genügt nicht; denn lokal an den Schaufeln selbst müssen, wenn überhaupt Leistung aufgenommen oder abgegeben wird, von den mittleren Drucken abweichende — kleinere und größere — herrschen. Wichtig ist die Ermittlung dieser Unterschiede für die Kenntnis der tiefsten vorkommenden Drucke und damit für die Beurteilung der Kavitationsgefahr, oder anders betrachtet, für die Kenntnis der mit Rücksicht auf Kavitation zulässigen Gefälle, Förderhöhen und Drehzahlen.

Alle diese Fragen hängen stark miteinander zusammen; sie können nur beantwortet werden, wenn einmal das eigentlich hydrodynamische Problem der Kreiselradtheorie in Angriff genommen wird, das darin besteht, die wahre Strömung durch eine in Abmessungen, Schaufelformen und Schaufelzahlen gegebene Kreiselradmaschine bis in ihre lokalen Einzelheiten hinein zu ermitteln. Wie weit dies Ziel für Strömungen wirklicher Flüssigkeit erreicht werden wird, soll hier nicht vorausgesagt werden; es ist auch noch die Frage, wie weit man sich ihm annähern muß, um gegenüber dem heutigen Stand der Erkenntnis und Konstruktion noch wesentliche Fortschritte zu erzielen. Zunächst scheint es, als ob es sich weniger darum handelt, das bisher an Wirkungsgraden Erreichte noch zu übertreffen, als vielmehr darum, die Grundlagen sicherer zu stellen und die Möglichkeit von Fehlschlägen mehr und mehr auszuschließen. Aber durch diese Beschränkung wird die Aufgabe an sich nicht leichter, es ist daher das Richtigste, sie zunächst vom „rein theoretischen" Standpunkt aus anzufassen, um so mehr als sie überhaupt nur eine Vorstufe ist zu dem weitergehenden Problem, auf rationellen, hydrodynamischen Vorstellungen basierende Konstruktionsvorschriften zu liefern, die gegenüber den heutigen größeren Anspruch auf Eindeutigkeit und Treffsicherheit machen können und die insbesondere auch gestatten, Schaufelformen auszubilden, die nicht nur gute Wirkungsgrade liefern, sondern auch mit Rücksicht auf die eben berührten Fragen, z. B. die der Druckverteilung besonders günstige Eigenschaften aufweisen. Nun kann man ohne weiteres voraussagen, daß dieses Ziel im Einzelfalle mit Sicherheit nur erreicht werden wird, wenn das Verhalten wirklicher

Flüssigkeiten in Betracht gezogen wird und daß anderseits Näherungsmethoden als Arbeitsverfahren genügen werden. Dies alles setzt aber nicht den Wert solcher theoretisch strenger Lösungen herab, die mit der reibungsfreien Flüssigkeit rechnen, also „Potentialströmungen" voraussetzen. Denn diese Lösungen zeigen das Grundsätzliche des Unterschiedes gegenüber der eindimensionalen Theorie und liefern erstmalig Zahlenwerte für den Einfluß der bisher vernachlässigten Schaufelform- und -zahl; außerdem liefern sie durch die ermittelten theoretischen Strombilder mit ihren Geschwindigkeits- und Druckverteilungen auch gute Anhaltspunkte für die weitere Umbildung der Potentialströmung in diejenige der „Flüssigkeit mit geringer Reibung". Voraussagen über deren Aussehen, über Entstehen von Wirbeln, Sekundärströmungen und Ablösungen lassen sich nach Kenntnis der Potentialströmung auf Grund allgemeiner Erfahrung und theoretischer Einsicht, die den Inhalt der modernen Strömungslehre bilden, in mindestens qualitativer, gelegentlich auch quantitativer Weise machen.

Im folgenden soll daher gezeigt werden, wie die mathematische Hydrodynamik Mittel dazu liefert, um Potentialströmungen durch Kreiselräder mit endlicher Schaufelzahl zu berechnen. Freilich ist dies bisher für Räder mit räumlich ausgebildeten Schaufeln noch nicht geleistet worden; die Lösungen sind vielmehr auf parallelkränzige Radialräder mit zylindrischen Schaufeln beschränkt. Dies bedeutet im wesentlichen, daß ebene Strömungen behandelt werden. Dem grundsätzlichen Wert der Lösungen tut diese Beschränkung keinen Abbruch, für Hochdruckkreiselräder mit einem Radienverhältnis ausgesprochen größer als 1 sind die Ergebnisse sogar quantitativ von Wert.

Die Beschränkung auf ebene Strömungen macht es möglich, die Rechnung mit komplexen Zahlen und die sog. konforme Abbildung hier genau so anzuwenden, wie dies durch Kutta und Joukowsky bei der zweidimensionalen Behandlung des Tragflügelproblems geschehen ist. Bei der Bearbeitung unseres Problems werden sogar Kuttasche Ergebnisse über die Strömung durch Gitter als Sonderergebnisse mitgewonnen, die zugleich den Unterschied der Strömung durch ein feststehendes Radialrad gegenüber derjenigen durch das gleiche, jedoch sich drehende Rad hervorheben[1]).

2. Stellung der besonderen Aufgabe.

Abb. 3 stellt eine Kreiselradmaschine dar, die aus dem Laufrad R, dem Saugrohr Sr, dem Leitrad L und dem Spiralgehäuse Sp besteht. Das Laufrad sei von vornherein parallelkränzig mit zylindrischen Schaufeln vorgesehen. Die Maschine kann grundsätzlich als Turbine oder als Pumpe

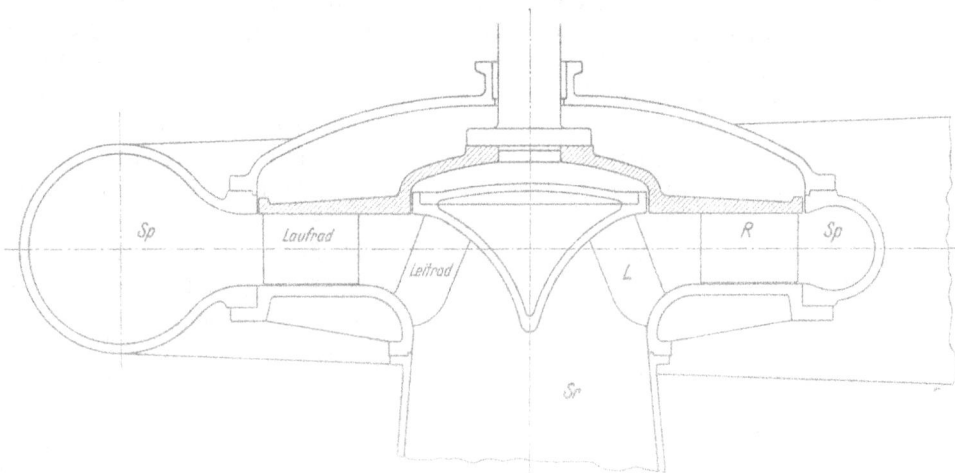

Abb. 3.

[1]) Bezüglich der mathematischen Grundlagen der Rechnung muß auf die einschlägige Literatur verwiesen werden; hier kann nur das besondere Beispiel in großen Zügen und in seinen Ergebnissen vorgeführt werden. Siehe auch die Literaturangaben am Schlusse des Aufsatzes.

arbeiten, und zwar bestehen diese beiden Möglichkeiten für jede der beiden Durchflußrichtungen: von außen nach innen oder umgekehrt. Im ersten Falle zwingt die Spirale der Strömung einen bestimmten mittleren „Drall" $(c_u \cdot r)_a$ auf, mit dem die Flüssigkeit dem Rade zuströmt, dieses verändert ihn und entläßt die Flüssigkeit mit einem mittleren Drall $(c_u \cdot r)_i$. In diesem Falle der Strömungsrichtung möge der Leitapparat L fortfallen, so daß die Flüssigkeit frei mit dem angegebenen Drall durch das Saugrohr abströmt. Im zweiten Falle strömt die Flüssigkeit dem Rade durch das Saugrohr und den Leitapparat zu; dieser ist es jetzt, der der Strömung einen bestimmten Drall $(c_u \cdot r)_i$ aufzwingt. Das Rad verändert jetzt den Drall $(c_u \cdot r)_i$ in einen andern $(c_u \cdot r)_a$, mit dem die Strömung die Spirale durchfließt. — In allen Fällen üben Spirale und Leitapparat Rückwirkungen

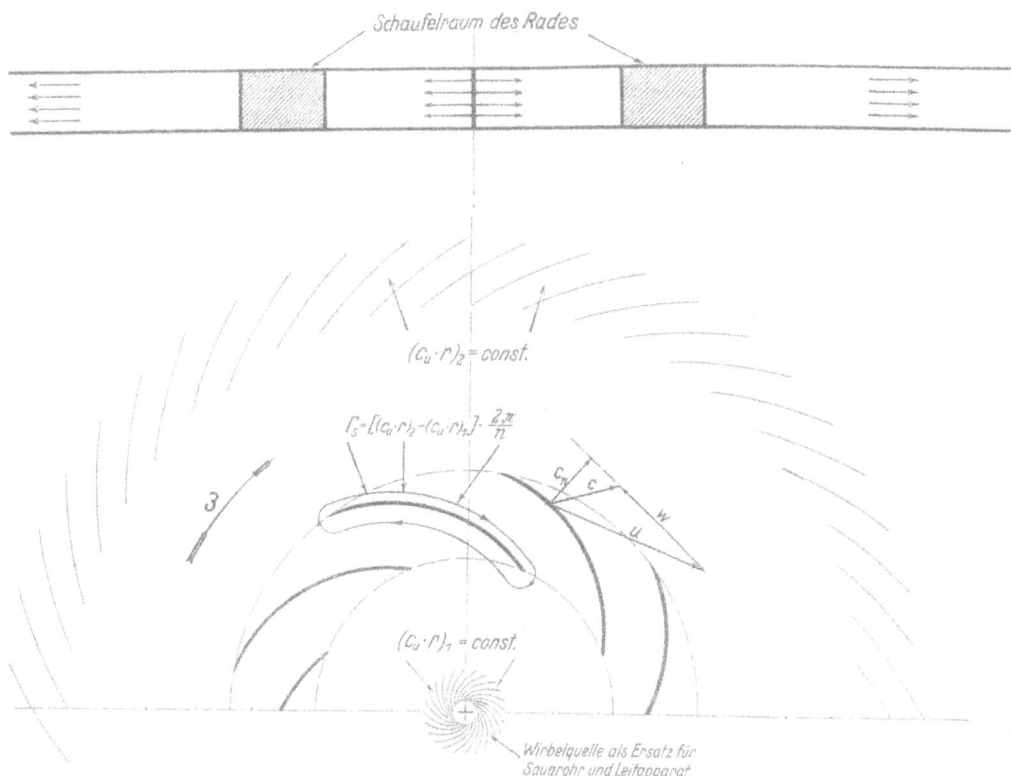

Abb. 4. Schema einer Radialpumpe. Ebene Ersatzströmung.

auf die Strömung im Rade aus, die periodischer Natur sind und deren Frequenz von den Schaufelzahlen und der Drehzahl abhängen. Diese sind bisher nicht in die theoretischen Bearbeitungen einbezogen, das Problem ist vielmehr in folgender Weise idealisiert worden (s. Abb. 4): An Stelle des Spiralgehäuses denkt man sich eine parallelkränzige Zu- bzw. Ableitung vom Unendlichen her bzw. ins Unendliche hinaus. Desgleichen treten an Stelle der Saugrohre zwei parallele bis zur Achse geführte Wände. Die ganze Strömung verläuft nun zwischen den beiden, senkrecht zur Achse angeordneten, von dieser nach allen Seiten ins Unendliche erstreckten Ebenen und wird daher als eine ebene behandelt. Bei Strömung von innen nach außen muß man sich die Flüssigkeit in der Achse entspringend und mit einem vorgegebenen Drall $(c_u \cdot r)_i$ begabt denken (dieses, um den allgemeinen Fall eines Leitapparates mit zu erfassen!). In unmittelbarer Nähe der Achse verläuft dann die Strömung in logarithmischen Spiralen, die Achse spielt die Rolle eines „Wirbelquellfadens" (kürzer einer „Wirbelquelle"). Nach der Abströmung vom Rade entfernt sich die Flüssigkeit mit dem Drall $(c_u \cdot r)_a$ ins Unendliche: in genügender Entfernung — streng genommen „im Unendlichen" — strömt sie wieder in logarithmischen Spiralen, die einen anderen Steigungswinkel als die um die Achse herum haben.

Das unendlich Ferne spielt die Rolle einer „Wirbelsenke". Bei Strömung von außen nach innen müssen wir in genügender Entfernung vom Rade einen Leitapparat denken, der eine Strömung in logarithmischen Spiralen mit dem Drall $(c_u \cdot r)_a$ erzwingt; mathematisch gesprochen: Jetzt ist das unendlich Ferne Wirbelquelle. Vom Rade nach der Achse strömt die Flüssigkeit mit dem Drall $(c_u \cdot r)_i$ in Bahnen, die in der Nähe der Achse wieder mehr und mehr zu logarithmischen Spiralen werden: die Achse ist jetzt Wirbelsenke.

Bei den festgesetzten Vereinfachungen ist zunächst die Strömung relativ zum Rade stationär, weil keine Stellung des Rades zu seiner Umgebung vor einer anderen etwas voraus hat, alle Randbedingungen für die Strömung daher in jedem Augenblick die gleichen sind. Die Relativströmung wollen wir aber nicht behandeln, da sie keine Potentialströmung ist und die erwähnten mathematischen Methoden daher nicht auf sie angewendet werden können. Wir legen vielmehr das Stromlinienbild der momentanen Absolutströmung zugrunde. Dies erhält man, wenn man die Richtungen der Absolutgeschwindigkeiten momentan zu Kurvenzügen zusammensetzt (durch ein Momentlichtbild vom festen Raum aus) oder auch, in dem man zu den Relativgeschwindigkeiten w die Umfangsgeschwindigkeit des betreffenden Raumpunktes $u = r \cdot \omega$ geometrisch addiert. Schon hieraus folgt, da ein bestimmter Raumpunkt zu jeder Zeit das gleiche u hat, daß bei stationärer Relativströmung auch das momentane Absolutbild seinem Aussehen nach zeitlich unveränderlich ist und daß es sich nur mit dem Rade um die Achse dreht (als ob es mit ihm fest verbunden wäre, was übrigens das Relativstrombild auch tut). Im übrigen folgt die Unveränderlichkeit der momentanen Absolutströmung genau wie die der Relativströmung aus der Gleichheit der Randbedingungen der Strömung für jede Stellung des Rades.

Die Absolutströmung entsteht aus der Ruhe heraus unter dem Einfluß der Schwere, sie ist daher eine Potentialströmung. Sie ist im ganzen genommen zeitlich veränderlich; die ganze Änderung ist aber eine periodische, die gerade durch die eben beschriebene Drehung des unveränderlichen Stromlinienbildes mit der Winkelgeschwindigkeit ω des Rades um die Achse beschrieben wird. Auch die mehrfach erwähnten inneren und äußeren logarithmischen Spiralen kann man diesem rotierenden Strombild zurechnen. Sie sind anderseits in genügender Entfernung vom Rade auch „wahre Bahnen von Flüssigkeitsteilchen", was die übrigen Kurven des momentanen Absolutbildes durchaus nicht sind Die Geschwindigkeitsverteilung dieses Bildes hat ein Potential $F(r, \vartheta)$, wenn unter r und ϑ die Polarkoordinaten eines mit dem Rade fest verbundenen und mitrotierenden Systems verstanden sind. Aus ihm geht das Potential der wahren Absolutströmung dadurch hervor, daß man den Zusammenhang der relativen Winkelkoordinate mit der des festen Raumes ϑ', nämlich $\vartheta' = \vartheta + \omega t$, berücksichtigt, wobei t die Zeit bedeutet. Es lautet also $F(r, \vartheta' - \omega t)$.

Auf das momentane Absolutbild wenden wir die komplexen Rechenmethoden an.

3. Die Randbedingungen der momentanen Absolutströmung.

a) In der Nähe der Achse und im unendlich Fernen verhält sich die Strömung wie die einer Wirbelquelle oder -senke; ein solches Gebilde enthält die rein radiale Strömung einer einfachen Quelle oder Senke nach dem Gesetze $\dfrac{Q}{2\pi} = c_r \cdot r = \text{konst}$ (Abb. 5) und die rein kreisende Strömung mit der Zirkulation oder Wirbelstärke nach dem Gesetze $\dfrac{\Gamma}{2\pi} = c_u \cdot r = \text{konst}$ um den Quellfaden, der gleichzeitig Wirbelfaden ist (Abb. 6). Ihre Übereinanderlagerung liefert Strömung nach logarithmischen Spiralen. Die Quell- oder Senkstärke muß für die Umgebung der Achse die gleiche sein wie für das unendlich ferne Gebiet (Kontinuitätsbedingung!); dagegen sind die Zirkulationen bzw. Wirbelstärken entsprechend dem Unterschiede der Drallwerte verschieden. Wir unterscheiden die innere Zirkulation $\Gamma_i = 2\pi \cdot (c_u \cdot r)_i$ und die äußere $\Gamma_a = 2\pi \cdot (c_u \cdot r)_a$ und rechnen beide positiv, wenn der Umkreisungssinn (Richtungssinn von c_u) mit dem Drehsinn des Rades übereinstimmt. Die Durchflußmenge (Quell- oder Senkstärke im obigen Sinn) zähle positiv, wenn die Flüssigkeit von innen nach außen strömt (Quelle in der Achse).

b) Wenn die Zirkulation im Außengebiet des Rades von der im Innengebiet verschieden ist, so müssen nach allgemeinen Sätzen zwischen den beiden Gebieten solche liegen, die weitere Zirkulationen aufweisen. Zirkulation ist mathematisch das Linienintegral $\int c \cdot \cos (c, ds)\, ds$ über eine geschlossene Kurve. Für Γ_i kann als geschlossene Kurve irgendein Kreis um die Achse innerhalb des innersten Radschaufelkreises, für Γ_a irgendeiner um die Achse außerhalb des äußersten Radschaufelkreises dienen.

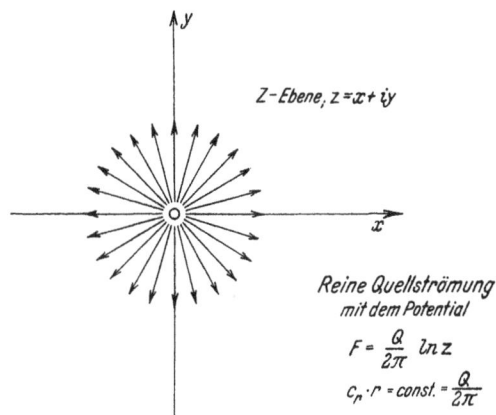

Reine Quellströmung
mit dem Potential

$$F = \frac{Q}{2\pi}\, \ln z$$

$$c_r \cdot r = \text{const.} = \frac{Q}{2\pi}$$

Abb. 5.

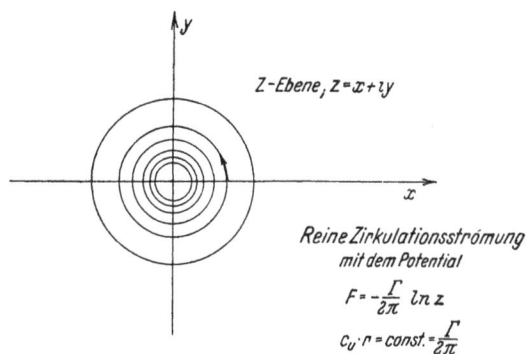

Reine Zirkulationsströmung
mit dem Potential

$$F = -\frac{\Gamma}{2\pi}\, \ln z$$

$$c_u \cdot r = \text{const.} = \frac{\Gamma}{2\pi}$$

Abb. 6.

Die zwischen diesen beiden Kreisen liegenden Zirkulationen zählen auf Kurven, welche die Schaufeln umschlingen (s. Abb. 6); für eine einzelne Schaufel ist die Zirkulation auf jeder Kurve, die nur diese Schaufel umschlingt, die gleiche, außerdem ist der Achsensymmetrie wegen die Zirkulation um jede Schaufel die gleiche. Sie möge mit Γ_s bezeichnet und ebenfalls positiv gerechnet werden, wenn der Sinn ihres Umlaufes um die Schaufel mit dem Drehsinn des Rades übereinstimmt. Physikalisch ist die Existenz einer Zirkulation um jede Schaufel dadurch zu erklären, daß durch

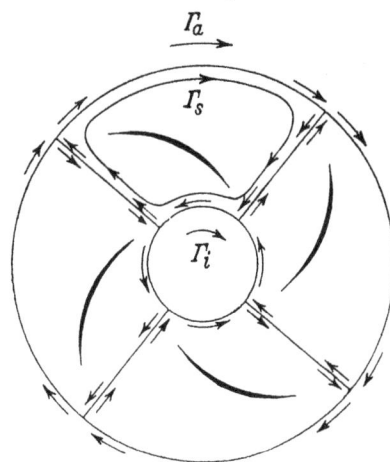

Abb. 7.
Ableitung der Beziehung: $\Gamma_a = \Gamma_i - \Sigma \Gamma_s$

die ablenkende Wirkung der Schaufeln auf die Strömung Druckunterschiede und in deren Gefolge Geschwindigkeitsunterschiede zu beiden Seiten der Schaufel bestehen. Zieht man also eine Kontrollkurve dicht um die Schaufel und bildet das obige Linienintegral, so muß sich ein von Null verschiedener Wert ergeben. Genau wie in der ebenen Tragflügeltheorie ist also die Existenz einer Zirkulation um jede Schaufel das kinematische Äquivalent für die dynamische Tatsache, daß die Schaufeln die Strömung ablenken. Aus Abb. 7 liest man aber, wenn man die Zusammensetzung der Integrationswege für Γ_i und Γ_a aus Teilstücken der Integrationswege um die einzelnen Schaufeln beachtet, unmittelbar ab, daß

$$\Gamma_a = \Gamma_i + \Sigma\,\Gamma_s = \Gamma_i + n \cdot \Gamma_s \quad \ldots \ldots \ldots \ldots \ldots \quad 1)$$

ist, wenn n die Schaufelzahl ist. Die Zirkulation um jede Schaufel kann für sich allein natürlich nicht bestehen, sie kann nur rein kinematisch als ein Anteil der Gesamtströmung aus dieser ausgesondert und ihre Größe durch eine noch zu besprechende physikalische Bedingung bestimmt werden. Diese Größe steht aber in direkter Beziehung zum Drehmoment des Kreiselrades, wie in Abschn. 5 noch gezeigt wird.

c) Die Gesamtströmung unterliegt ferner noch einer Randbedingung an den Schaufeln. Die Relativströmung hat an den Schaufeln nur tangentiale Geschwindigkeiten, die Absolutströmung aber besitzt außerdem Normalkomponenten, wie aus dem Geschwindigkeitsdreieck der Abb. 4 hervorgeht. Jede Normalkomponente c_n muß aber übereinstimmen mit der Komponente u_n der Umfangsgeschwindigkeit $u = r\,\omega$, die das betreffende Schaufelelement besitzt. Denn wenn dies nicht der Fall wäre, würde das Schaufelelement eine andere Elementarwassermenge vor sich herschieben oder nach sich ziehen, als die Strömung an der gleichen Stelle wegsaugt oder nachdrückt und es würde die Kontinuität nicht gewahrt bleiben[1]).

d) Schließlich bleibt noch eine physikalische Bedingung übrig, die für die Strömung mit bestimmend ist. Wenn man nämlich beliebige Quellstärken und Zirkulationen bei einer bestimmten Drehgeschwindigkeit kombiniert, so liefert die resultierende Potentialströmung bei scharfen Schaufelkanten im allgemeinen eine Umströmung derselben mit unendlich hohen Geschwindigkeiten, und zwar naturgemäß sowohl im Relativ- wie im Absolutstrombild. Unendlich hohe Geschwindigkeiten sind aber eine physikalische Unmöglichkeit. Seit dem Bestehen des Kreiselradbaues weiß man überdies, daß die Flüssigkeit von den Schaufeln relativ tangential abfließt — wenigstens bei nicht ganz abnormen Betriebszuständen. Eine wesentliche Näherung der elementaren Theorie besteht ja gerade darin, daß man die Richtung der relativen Austrittsgeschwindigkeit aus einem Schaufelsystem der Richtung der Schaufeltangenten durchaus gleich setzt. Für unsere Theorie behalten wir nur die Forderung bei, daß unmittelbar an den Schaufeln selbst die Strömung tangential abgeht, die Relativ- und Absolutgeschwindigkeit also endlich bleibt. Diese Bedingung genügt, um Γ_s zu bestimmen, wenn Γ_a oder Γ_i, dazu Q und ω gegeben sind. Das Schaufeleintrittsende wird dann im allgemeinen bei unendlich dünnen Schaufeln theoretisch mit unendlich großer Geschwindigkeit umströmt. Diese physikalische Unmöglichkeit muß man durch Verdickung der Schaufel und Abrundung der Eintrittskante behoben denken. Das Abflußende dagegen muß nach wie vor scharf zugespitzt bleiben. In unserer Untersuchung wollen wir die Schaufeln als unendlich dünn und beiderseitig scharfkantig voraussetzen, um die gleichen Formeln für Strömung von innen nach außen und umgekehrt verwenden zu können (vgl. hierzu Abschn. 14).

Wenn man außer über Γ_s auch noch über eine der anderen 3 Größen, nämlich Γ_i bzw. Γ_a, sowie Q und ω verfügen kann, so ist es möglich, im theoretischen Strombild endliche Geschwindigkeiten an beiden Schaufelenden, d. h. relativ tangentiales An- und Abströmen herzustellen. In der Sprache der elementaren Kreiselradtheorie spricht man dann vom „stoßfreien Eintritt". Überhaupt haben alle diese Überlegungen ihre vollständigen Gegenstücke in der elementaren Theorie. Γ_s allein so zu bestimmen, daß tangentialer Eintritt, aber kein tangentiales Abströmen vorliegt, hat natürlich keinen physikalischen Sinn.

Die Ermittlung der Zirkulationen verläuft nach den gleichen physikalischen Grundsätzen wie in der ebenen Tragflügeltheorie.

4. Zerlegung der Gesamtströmung in passend gewählte Teilströmungen.

In jedem Augenblick kann das Geschwindigkeitsfeld der Absolutströmung in zwei Anteile zerlegt werden.

---

[1]) Die Bedingung besagt übrigens nichts weiter, als daß die Relativströmung nur Tangentialkomponenten an den Schaufeln hat.

a) Der erste Anteil werde „Durchflußströmung" genannt. Er rührt von der Wirbelquelle in der Achse bzw. im Unendlichen her. Da es sich auch für diesen Anteil um ein unveränderliches mit dem Rade rotierendes Strombild handelt, so ist es unmittelbar identisch mit dem der Durchflußströmung durch das stillstehende Rad. Gegeben ist es zunächst durch Γ_i bzw. Γ_a und $\pm Q$. Damit würden aber an beiden Schaufelenden schon bei der reinen Durchflußströmung unendlich hohe Geschwindigkeiten auftreten. Da aber auch beim stillstehenden Rade tangentiales Abströmen anzunehmen ist, so kann man auch hier ein Γ_s so bestimmen, daß dies eintritt, wenn dieses Γ_s auch einen anderen Wert annimmt als bei rotierendem Rade. Daher ist es vorteilhaft, auch im allgemeinen Falle die Schaufelzirkulation zur Durchflußströmung hinzuzurechnen, um so mehr, als sie an den Schaufeln die gleichen Randbedingungen hat, wie die von der Wirbelquelle (im Unendlichen oder der Achse) herrührende Strömung, nämlich nur tangentiale Geschwindigkeiten. Beide Strömungen, also auch die „Durchflußströmung mit Schaufelzirkulation" bestimmt durch die Elemente Γ_i bzw. Γ_a sowie Q und Γ_s hat die Schaufeln zu Stromlinien.

b) Der zweite Anteil heiße Verdrängungsströmung. Er rührt von der Drehung des Schaufelsystems um die Achse her und ist so zu bestimmen, daß kein dauernder Transport von Flüssigkeit durch das Rad hindurch stattfindet, sondern nur einzelne Flüssigkeitsmassen verschoben oder verdrängt werden. Die Schaufeln schieben auf der Vorderseite die Flüssigkeit vor sich her und ziehen sie auf der Rückseite hinter sich nach. Die Schaufelenden werden bei dieser theoretischen Teilströmung mit unendlich hohen Geschwindigkeiten umströmt. Nach außen hin klingen die Verdrängungswirkungen der Schaufeln mit zunehmender Entfernung vom Rade sehr rasch ab; in der Radachse heben sie sich, wenn mehr als eine Schaufel vorhanden und diese achsensymmetrisch angeordnet sind, gegenseitig auf. Die Verdrängungsströmung ist es nun gerade, die an den Schaufeln außer den tangentialen auch Normalgeschwindigkeiten c_n besitzt und für sie gilt daher allein die (in Abschn. 3c) in diesen Komponenten ausgedrückte Randbedingung.

c) Daß die Gesamtströmung aus den beiden genannten Teilströmungen richtig zusammengesetzt ist, ergibt sich daraus, daß alle Teilströmungen Potentialströmungen sind und übereinandergelagert wieder solche liefern, daß ferner die Randbedingungen der Gesamtströmung aus den Randbedingungen der Teilströmungen richtig resultieren, ohne daß sich diese gegenseitig stören. Γ_i bzw. Γ_a schreibt zusammen mit Q den durch irgendeine Leitvorrichtung gegebenen Anfangszustand des Rades vor, Γ_s mißt die Wirkung des Rades auf die Strömung. Die Verdrängungsströmung, deren Geschwindigkeiten mit ω proportional sind, bringt die wesentliche Randbedingung der absoluten Gesamtströmung an den Schaufeln herein. Wählt man alle Bestimmungsstücke beliebig, so herrschen an beiden Schaufelenden unendliche Geschwindigkeiten; durch geeignete Kombinationen kann man mindestens am Abströmende, im Sonderfall auch am Anströmende endliche Geschwindigkeiten herstellen.

5. Drehmoment und ausgetauschte Strömungsenergie des Kreiselrades.

Das Drehmoment ist bekanntlich

$$M_d = \frac{Q \cdot \gamma}{g} \left\{ (c_u \cdot r)_a - (c_u \cdot r)_i \right\} \quad \ldots \ldots \ldots \ldots \quad 2)$$

Dafür kann man aber schreiben:

$$M_d = Q \cdot \frac{\gamma}{g} \cdot \frac{1}{2\pi} (\Gamma_a - \Gamma_i) = Q \cdot \frac{\gamma}{g} \cdot \frac{n \cdot \Gamma_s}{2\pi} \quad \ldots \ldots \quad 3)$$

Das Drehmoment ist also mit der Schaufelzirkulation proportional. Ferner ist die theoretisch zwischen Strömung und Rad ausgetauschte Energie pro kg strömender Flüssigkeit (theoretische spezifische Schaufelarbeit, theoretische Förderhöhe oder Gefälle beim Wirkungsgrade 1) ihrem absoluten Betrage nach:

$$H_{th} = \frac{\omega}{g} \left\{ (c_u \cdot r)_a - (c_u \cdot r)_i \right\} \quad \ldots \ldots \ldots \ldots \quad 4)$$

oder:

$$H_{\text{th}} = \frac{\omega}{g} \cdot \frac{n \cdot \Gamma_s}{2\pi} \quad \dots \dots \dots \dots \dots \quad 5)$$

Unter dem Drehmomenten- bzw. Förderhöhenverhältnis versteht man das Verhältnis dieser Werte für eine endliche Schaufelzahl n zu den entsprechenden für unendlich großes n, die mit der aus der Eulerschen errechneten übereinstimmen, wenn bei der Zunahme der Schaufelzahl die Schaufelform und -winkel unverändert bleiben.

Man hat daher:

$$\text{Drehmomenten- bzw. Förderhöhenverhältnis} = \frac{\Gamma_{s\,n=u}}{\Gamma_{s\,n=\infty}} \quad \dots \dots \dots \quad 6)$$

6. Die Anwendung der komplexen Rechnung[1]) und der konformen Abbildung auf die Hydrodynamik ebener Strömungen.

Jede Funktion $F(z)$ einer komplexen Veränderlichen $z = x + iy$ (x und y rechtwinklige Koordinaten der Gaußschen Zahlenebene!) stellt das sog. komplexe Potential einer ebenen Strömung dar. Die Ableitung $F'(z)$ liefert nach Aufspalten in einen reellen und imaginären Teil die Geschwindigkeitskomponenten c_x und c_y nach der Beziehung

$$c_x - i c_y = F'(z) \quad \dots \dots \dots \dots \dots \quad 7)$$

(Minuszeichen beachten.)

Statt dessen kann man auch, wenn man statt x und y Polarkoordinaten r, ϑ durch $x = r\cos\vartheta$, $y = r\sin\vartheta$ einführt und die Geschwindigkeit c in die Radialkomponente c_r und die Umfangskomponente c_u zerlegt,

$$(c_r - i c_u) \cdot e^{-i\vartheta} = F'(z) \quad \dots \dots \dots \quad 8)$$

schreiben.

Andererseits vermittelt jede Funktion $w(z)$ die sog. konforme Abbildung einer z-Ebene mit den Koordinaten x und y auf eine w-Ebene (etwa mit den Koordinaten x' und y'). Man kann auch sagen: die z-Ebene wird verzerrt auf eine w-Ebene ausgebreitet. In den kleinsten Teilen bleiben das z-Original und das w-Bild ähnlich; zwei Linien, die sich in der z-Ebene in einem gewissen Punkte z_0 unter dem Winkel α schneiden, tun dies nach der Verzerrung in der w-Ebene in einem entsprechenden Punkte $w_0 = w(z_0)$ unter dem gleichen Winkel, sie sind aber beide gegen die Achsen unter einem Winkel γ verdreht, der gleich dem sog. Argument der Ableitung $w'(z)$ der Abbildungsfunktion ist. [Jede komplexe Größe $\zeta = \xi + i\eta$ hat einen absoluten Betrag $|\zeta| = \sqrt{\xi^2 + \eta^2}$ und ein Argument $\vartheta = \text{arc tg}\,\frac{\eta}{\xi}$; dies erhellt aus der zweiten Darstellung komplexer Zahlen $\xi = r \cdot e^{i\vartheta} = r(\cos\vartheta + i\sin\vartheta)$].

Hat man in einer Ebene z das Strombild einer Potentialströmung ermittelt, so wird es durch die Abbildungsfunktion $w(z)$ in der w-Ebene verzerrt dargestellt, ist aber wieder das Bild einer Potentialströmung. Die Potentialwerte sind in entsprechenden Punkten einander gleich. Aus diesem Grunde sind auch die Linienintegrale auf entsprechenden Linienstücken zwischen entsprechenden Punkten und somit auch die Zirkulationen auf entsprechenden geschlossenen Kurven einander gleich. Infolge der Verzerrung der Strombilder ist aber die Geschwindigkeit in einem w-Punkt von der in dem entsprechenden z-Punkt nach Größe und Richtung verschieden, und zwar werden beide Veränderungen durch die Ableitung der Abbildungsfunktion gemessen. Ist nämlich durch $c_x - i c_y = F'(z)$ die Geschwindigkeit in der z-Ebene gegeben, so gilt für die in entsprechenden Punkten der w-Ebene

$$\begin{aligned}c_x' - i c_y' &= F'(w) = F'[w(z)] = F'(z) \cdot \frac{dz}{dw} \\ &= F'(z) \cdot \frac{1}{\frac{dw}{dz}}\end{aligned} \quad \dots \dots \dots \quad 9)$$

---

[1]) Diese kann hier nur ohne Beweis beschrieben werden, siehe den Literaturnachweis am Schlusse des Aufsatzes (insbesondere Nr. 1—5).

Befinden sich in der Strömung ruhende Körper, so sind deren Konturen Stromlinien, die mit abgebildet werden, wodurch die Randbedingung tangentialen Umfließens der Körper in beiden Ebenen erfüllt ist. Solche Strömungen sind im wesentlichen das, was wir im Beispiel der Kreiselradströmung als Durchflußströmung bezeichnet haben. Wir können also sagen: Für Durchflußströmungen bleiben durch die konforme Abbildung die Randbedingungen richtig erhalten. (Natürlich werden die Körperkonturen mit verändert.) Anders ist es mit Verdrängungsströmungen. Hier setzen die Absolutstromlinien unter bestimmten Winkeln auf die Körperkontur auf. Diese Winkel sind im konformen Abbild, das veränderte Körperkonturen und verändertes Strombild hat, an entsprechenden Stellen die gleichen. Dies hängt damit zusammen, daß im Original und im Bild die Normal- und Tangentialkomponenten an den Konturen im gleichen Verhältnis zueinander stehen, beide also durch die Abbildung die gleiche Größenänderung erleiden, wie die Gesamtgeschwindigkeit. Die Veränderung der absoluten Werte der Geschwindigkeiten ist aber durch den Absolutwert der Ableitung der Abbildungsfunktion gegeben, und zwar ist:

$$c_n' = c_n \cdot \frac{1}{\left|\dfrac{dw}{dz}\right|} \; ; \quad c_t' = c_t \cdot \frac{1}{\left|\dfrac{dw}{dz}\right|} \qquad \ldots \ldots \ldots \ldots \ldots \quad 10)$$

wenn c_n und c_t bzw. c_n' und c_t' die Komponenten normal und tangential zu den Körperkonturen sind. Durch diese Beziehung ist die Veränderung der Randbedingung bei der konformen Abbildung von Verdrängungsströmungen gegeben.

Die Abbildungsfunktion unterliegt gewissen Bedingungen: Sie muß die Außengebiete der umströmten Körper eindeutig Punkt für Punkt einander zuordnen. Im Original und Bild muß das unendlich ferne Gebiet einander entsprechen; im anderen Falle würde, da das unendlich Ferne immer als Quelle oder Senke anzusehen ist, wo Flüssigkeit entspringt oder verschwindet (s. Abschn. 3a!) im Abbild im Endlichen eine Quelle oder Senke erscheinen, die mit dem physikalischen Problem nichts zu tun hat. Ferner darf im Außengebiet der umströmten Körper die Ableitung der Abbildungsfunktion weder 0 noch ∞ werden, da sonst physikalisch unmögliche Staupunkte (Geschwindigkeit = 0!) oder wiederum Quellen bzw. Senken erscheinen. Dagegen dürfen auf den Körperkonturen solche Stellen vorkommen, wie wir an unserem Beispiel sehen werden.

7. Anwendung der konformen Abbildung auf die Strömung durch Kreiselräder.

Von Wert ist die Abbildung naturgemäß nur dann, wenn es durch sie gelingt, die verlangte Strömung um einen oder mehrere Körper in eine solche um andere, gegebenenfalls um weniger, ja sogar um nur einen Körper zu verwandeln, für die man die komplexen Potentiale leichter angeben kann oder vorrätig hat. Dies ist nun für die mannigfachsten Strömungsformen um einen einzigen Kreis und für die verschiedenen Bewegungsformen eines Kreises in umgebender, im Unendlichen ruhender Flüssigkeits-, d. h. für Durchflußströmungen und Verdrängungsströmungen, wobei die in die Strömung eingetauchte Kontur ein Kreis ist, tatsächlich der Fall. Wir müssen also danach trachten, die Gesamtströmung oder besser die beiden Teilströmungen mit den eingelagerten Schaufeln in entsprechende zu verwandeln, in der nur ein einziger Kreis als Kontur eingelagert ist. Die Schaufeln sind dabei als Doppelkonturen (undurchdringlich für die Strömung) aufzufassen, deren jede durch die Verzerrung bei der Abbildung zu einem Kreise aufgebläht und auf den Abbildungskreis gedeckt wird. Das Außengebiet des Kreises entspricht dann dem Außengebiet um die Schaufeln in folgender Weise. Das Strombild des Kreiselrades hat eine Periode, die gleich der Winkelteilung $\dfrac{2\pi}{n}$ ist. Am Anfang und am Ende einer solchen Teilung findet man auf einem Kreis um die Achse den gleichen Strömungszustand wieder. Durch Linien, die auf jedem Kreise um die Teilung $\dfrac{2r\pi}{n}$ voneinander abstehen und von denen je zwei eine Schaufel einschließen, die sonst aber beliebig aus der Achse ins Unendliche verlaufen, wird das Strombild in n-Sektoren geteilt (s. Abb. 11), in denen das Strombild sich periodisch wiederholt. Jeder solche Sektor wird nun auf den ganzen Winkelraum 2π der Kreisebene abgebildet.

Wie müssen nun die Strombilder in der Kreisebene aussehen?

a) Die Durchflußströmung (s. Abb. 8). Sie hat eine Wirbelquelle bzw. -senke in einem Punkt C, der dem Drehzentrum des Rades entspricht, umströmt den Kreis, der Stromlinie ist und besitzt im Unendlichen eine Wirbelsenke bzw. -quelle (Strömung nach bzw. von außen). Um den Punkt C besteht auf Kreisen, die zwischen ihm und dem Abbildungskreis K liegen, eine Zirkulation Γ_i, um den Kreis K selbst eine solche Γ_s, und auf Kreisen um C, die den Kreis K mit einschließen, eine solche Γ_a. Es besteht die Beziehung $\Gamma_a = \Gamma_i + \Gamma_s$. Die Durchflußmenge Q ist positiv bei Strö-

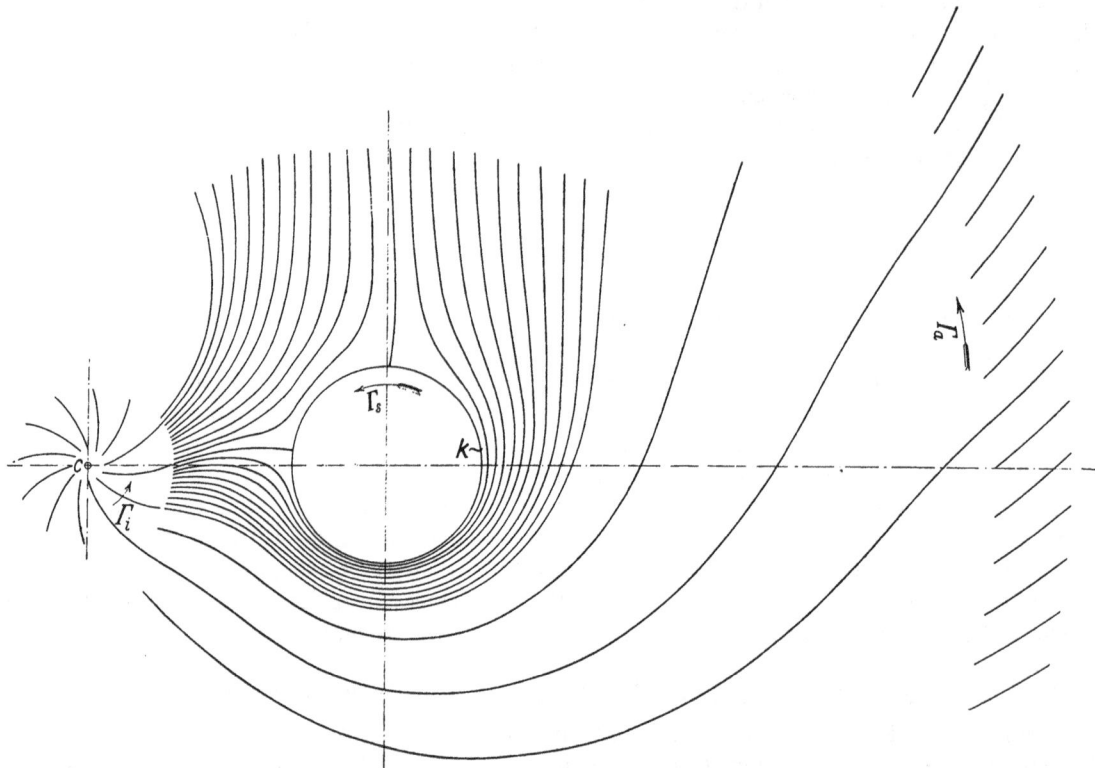

Abb. 8. Durchflußströmung der Z-Ebene mit Zirkulation um den Kreis.

mung von innen nach außen. Abb. 8 gilt für beide Fälle, wenn diese gleiche und gleichgerichtete Γ_i bzw. Γ_a haben. In ausreichender Entfernung von der Achse und in ihrer nächsten Umgebung verläuft die Strömung in logarithmischen Spiralen mit verschiedener Steigung entsprechend den beiden Zirkulationen Γ_i und Γ_a.

b) Die Verdrängungsströmung (s. Abb. 9). Die Normalkomponenten an den Schaufeln sind gegeben. Mit Hilfe der Ableitung der Abbildungsfunktion kann man die entsprechenden Normalkomponenten am Abbildungskreise K ausrechnen. Man muß nun das Potential einer Strömung aufstellen, die am Kreise die errechneten Normalkomponenten besitzt und im Unendlichen ruht. Ein Teil des Kreisumfanges entspricht der Vorderseite der Schaufel, dieser hat positive Normalkomponenten, die vom Umfang nach außen zeigen, der andere Teil entspricht der Rückseite der Schaufel und hat negative Normalkomponenten, die vom Umfang nach innen zeigen. Die Strömung verhält sich demnach so, als ob ein Teil des Umfanges mit Quellen besetzt sei, die Flüssigkeit ausstoßen, während der andere Senken hat, die Flüssigkeit verschlucken. Auf dieser Vorstellung beruht in der Tat eine Art der Darstellung des Strömungspotentials durch fingierte Quellen und Senken auf dem Kreisumfang. Da im ganzen durch die Verdrängungsströmung keine Flüssigkeitsmenge ins Unendliche transportiert wird, muß die Ergiebigkeit der Quellen gleich der der Senken sein; anders ausgedrückt, jeder Quelle muß eine gleich starke Senke gegenüberstehen. Hierauf und auf der Tatsache, daß der Kreis für jedes solche Quell-Senken-Paar selber Stromlinie ist, Quelle und Senke also nur an ihren eigenen Sitzen Normalkomponenten erzeugen, beruht die Folgerung, daß die Quell-Senken-Verteilung am Kreise der gegebenen c_n-Verteilung unmittelbar proportional ist. Man hat also lauter Elementarquellen $2\,c_n \cdot ds$ auf dem Kreise anzuordnen, um die gesuchte Strömung mit der gegebenen c_n-Verteilung zu erzeugen; der Faktor 2 ist notwendig, weil die Quellen und Senken auch in das Innere des Kreises wirken[1]). Eine andere Darstellung der Strömung beruht darauf, daß man im Mittelpunkt des Kreises ein Gebilde anordnet, das gewissermaßen alle Quellen und Senken des Umfangs dort konzentriert, jedoch so, daß sie sich in ihrer Wirkung nicht sofort wieder

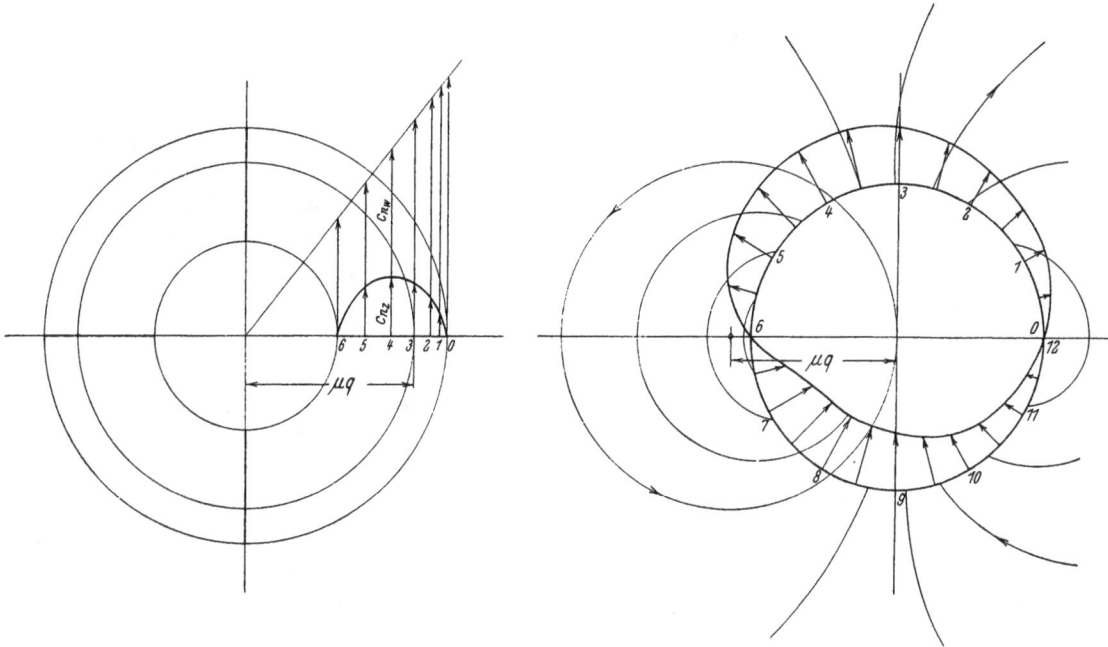

Abb. 9. c_n-Verteilung und Verdrängungsströmung am Kreis.

aufheben, sondern ein Stromliniensystem erzeugen, das am Kreisumfang die verlangte c_n-Verteilung besitzt. Mathematisch spricht man von einem System von Doppelquellen höherer Ordnung, das durch eine Reihenentwicklung $\dfrac{A_1}{z} + \dfrac{A_2}{z^2} + \dots$ dargestellt wird. Diese Darstellung ist der obigen, die auf bestimmte Integrale führt, vollkommen gleichwertig[2]). Abb. 9 stellt die c_n-Verteilung an Schaufeln und Kreis für das Beispiel 4 radialer Schaufeln dar und gibt ein ungefähres Bild der Verdrängungsströmung in der Kreisebene. Die c_{n_z}-Verteilung ist am Kreis als Polardiagramm, außerdem aber in der w-Ebene über den zu den Kreispunkten gehörigen Schaufelpunkten aufgetragen.

Durchführung der Aufgabe an einem Beispiel.

8. Abbildung eines radialen Schaufelsterns auf den Kreis.

Da die Rechnungen besonders einfach werden, wenn die Schaufeln des Kreiselrades radiale Gerade zu Spuren haben, und da zwischen einem solchen „radialen Kreisgitter" und dem Kuttaschen „Parallelgitter" einfache Beziehungen bestehen, so soll ein solcher Läufer der Rechnung zugrunde

---

[1]) Nur der Kreis und im Grenzfall die unendlich ausgedehnte Gerade haben die Eigenschaft, daß Quellverteilung und c_n-Verteilung einander proportional sind. Bei anderen Konturen erzeugt jede Elementarquelle nicht nur an ihrem eigenen Sitz, sondern auch an allen anderen Stellen der Kontur Geschwindigkeiten, die nicht tangential zu ihr sind; dadurch wird dann die Aufgabe viel verwickelter.

[2]) In meiner ersten Arbeit (siehe Literaturangabe) habe ich diesen Reihenansatz gemacht; nachstehend gebe ich die Darstellung durch bestimmte Integrale.

gelegt werden. Um zwischen ihm und einem gewissen „Abbildungskreis" K die Abbildungsbeziehun-
gen aufzustellen, gehen wir von der z-Ebene dieses Kreises (Kreisebene) aus. In dieser sei also (siehe
Abb. 10) um den Nullpunkt O des Koordinatensystems ein Kreis mit dem Radius q geschlagen und

Abb. 10.

auf der negativen x-Achse ein
Punkt C im Abstand $z_c = -\lambda \cdot q$
von O markiert, der dem Drehzentrum des Rades entsprechen
soll. Die z-Ebene werde nun zunächst auf eine ζ-Ebene nach
der Beziehung

$$\zeta = \frac{1}{2}\left(z + \frac{q^2}{z}\right) \quad . \quad . \quad 10)$$

abgebildet. Die der Kreiskon-
tur entsprechende ergibt sich,
wenn in Gl. 10) für z die Werte
des Kreisumfanges, also

$$z = q \cdot e^{i\vartheta} = q\,(\cos\vartheta + i\cdot\sin\vartheta)$$

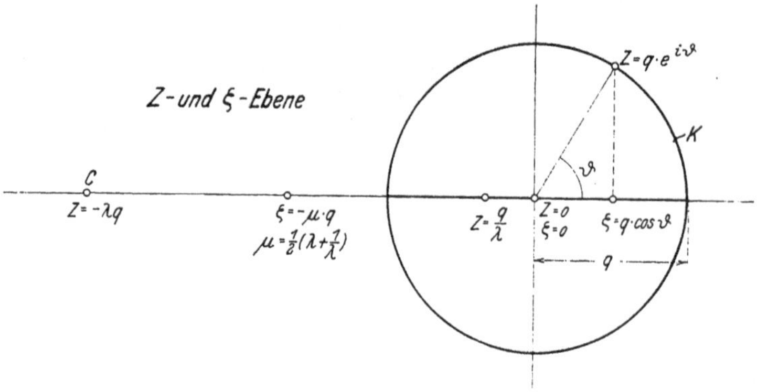

eingesetzt werden. Dann wird:

$$\zeta = \frac{1}{2}\,q\,(e^{i\vartheta} + e^{-i\vartheta}) = q\cdot\cos\vartheta \quad . \quad . \quad . \quad . \quad . \quad . \quad . \quad . \quad . \quad 11)$$

Den Kreispunkten entsprechen also ihre Projektionen auf den in der x-Achse liegenden Durchmesser,
der doppelt bedeckt erscheint. Die ganze z-Ebene außerhalb des Kreises wird auf die gesamte
ζ-Ebene eindeutig abgebildet, jedem z-Punkt außerhalb des Kreises entspricht ein einziger ζ-Punkt.
Aber auch jedem z-Punkt innerhalb des Kreises entspricht ein solcher; das Kreisinnere wird ebenfalls
eindeutig auf die ζ-Ebene abgebildet. Wir haben uns demnach die ζ-Ebene von zwei Blättern bedeckt
vorzustellen, von denen das eine dem Kreisäußern, das andere dem Kreisinnern entspricht. Beide
hängen längs des Durchmessers in der x-Achse zusammen. Diese kann als Schlitz aufgefaßt werden,
durch den das Kreisinnere bei der Verzerrung hindurchgezogen wird, um dann über die ζ-Ebene aus-
gebreitet zu werden. Um dieses zweite Blatt brauchen wir uns aber nicht zu kümmern, da uns nur
die Strömung im Außengebiet des Kreises interessiert. In den beiden Ebenen entsprechen sich das
Unendlichferne gegenseitig. Der Punkt C rückt in der ζ-Ebene näher an den Nullpunkt heran, es
wird nämlich

$$\zeta_c = -\frac{1}{2}\,q\left(\lambda + \frac{1}{\lambda}\right) = -\mu q \text{ mit } \mu = \frac{1}{2}\left(\lambda + \frac{1}{\lambda}\right) \quad . \quad . \quad . \quad . \quad . \quad . \quad 12)$$

Nunmehr bilden wir die ζ-Ebene auf eine ζ'-Ebene ab nach der Beziehung

$$\zeta' = \zeta + \mu q \quad . \quad . \quad . \quad . \quad . \quad . \quad . \quad . \quad . \quad . \quad . \quad 13)$$

Dadurch rückt, da für $\zeta_c = -\mu q$, $\zeta_c' = 0$ wird, der Punkt C in den Nullpunkt des Koordinatensystems. Wir bilden schließlich die ζ'-Ebene auf eine w-Ebene ab nach der Beziehung:

$$w = \mu q \sqrt[n]{\frac{\zeta'}{\mu q}} \text{ oder umgekehrt: } \zeta' = \mu q\left(\frac{w}{\mu q}\right)^n \quad . \quad . \quad . \quad . \quad 14)$$

Diese Abbildung übersieht man am besten, wenn man Polarkoordinaten einführt, also $w = r \cdot e^{i\psi}$
und $\zeta' = \varrho \cdot e^{i\varphi}$ setzt; dann wird

$$r \cdot e^{i\psi} = \mu q^{1-\frac{1}{n}} \cdot \varrho^{\frac{1}{n}} \cdot e^{i\frac{\varphi}{n}} \quad . \quad . \quad . \quad . \quad . \quad . \quad . \quad 15)$$

Dies zeigt, daß der ganze Winkelbereich $\varphi = 2\pi$ der ζ'-Ebene in der w-Ebene nur einen Winkelbereich $\vartheta = \frac{2\pi}{n}$ entspricht. Umgekehrt wird jeder Winkelbereich $\vartheta = \frac{2\pi}{n}$ eindeutig auf den Winkelbereich $\varphi = 2\pi$ abgebildet. Die ζ'-Ebene müssen wir uns also n-fach bedeckt (n-blättrig) vorstellen:

wir brauchen aber nur die Strömung in einem Blatt zu verfolgen, das einerseits wieder auf die ζ- und weiter auf die z-Ebene abgebildet ist (s. Abb. 11).

Jeder Sektor um eine Schaufel herum (oder zwischen zwei Schaufeln) mit der Winkelteilung $\dfrac{2\pi}{n}$ ist nun eindeutig und ingleicher Weise durch die drei aufeinander folgenden Transformationen auf das Kreisäußere in der z-Ebene abgebildet. Dabei entspricht das Drehzentrum — der Nullpunkt der w-Ebene — dem Punkte C ($z_C = -\lambda q$) der z-Ebene, und das Enendlich - Ferne der w-Ebene dem der z-Ebene. Die drei Transformationen können wir in einer einzigen $w = f(z)$ zusammengefaßt denken. Die Ableitung $\dfrac{dw}{dz}$ müssen wir noch untersuchen.

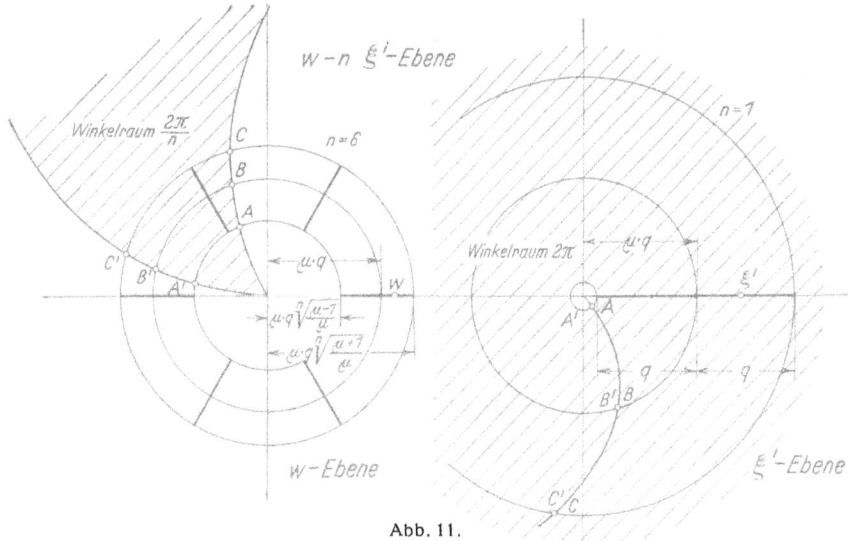

Abb. 11.

Wir schreiben:

$$\frac{dw}{dz} = \frac{dw}{d\zeta'} \cdot \frac{d\zeta'}{d\zeta} \cdot \frac{d\zeta}{dz} = \frac{1}{\dfrac{d\zeta'}{dw}} \cdot \frac{d\zeta'}{d\zeta} \cdot \frac{d\zeta}{dz} \quad \ldots \ldots \ldots \ldots \quad 16)$$

und erhalten für die einzelnen Ableitungen:

$$\frac{d\zeta'}{dw} = (\mu q)^{1-n} \cdot n \cdot w^{n-1}; \quad \frac{d\zeta'}{d\zeta} = 1; \quad \frac{d\zeta}{dz} = \frac{1}{2}\left(1 - \frac{q^2}{z^2}\right) \quad \ldots \ldots \quad 17)$$

Also wird:

$$\frac{dw}{dz} = \frac{1}{(\mu q)^{1-n} \cdot n \cdot w^{n-1}} \cdot \frac{1}{2}\left(1 - \frac{q^2}{z^2}\right) \quad \ldots \ldots \ldots \ldots \quad 18)$$

Dies wird für $w = 0$ unendlich groß; dies stört aber nicht, weil trotzdem die Wirbelquelle im Nullpunkt der w-Ebene richtig in eine Wirbelquelle im Punkte $z = \lambda q$ der z-Ebene überführt wird. Ferner wird $\dfrac{dw}{dz} = 0$ für $z = \pm q$; auch dies stört nicht, da die Punkte auf dem Kreis liegen; im Gegenteil: diese Tatsache entspricht den Eigenschaften der Strömung in der w-Ebene und dient zur Aufstellung physikalischer Bedingungen, wie wir noch sehen werden. Sonst wird $\dfrac{dw}{dz}$ nirgends 0 oder ∞.

Wir benötigen für später noch den Absolutwert $\dfrac{dw}{dz}$ für alle Punkte der Kreisperipherie bzw. die ihnen entsprechenden in der w-Ebene.

Den Kreispunkten $z = q \cdot e^{i\vartheta}$ entsprechen die Punkte:

$$\zeta = q \cos\vartheta; \quad \zeta' = q(\mu + \cos\vartheta)$$

und

$$w = \mu q \left(1 + \frac{\cos\vartheta}{\mu}\right)^{\frac{1}{n}} \quad \ldots \ldots \ldots \ldots \quad 19)$$

Die Punkte liegen in der w-Ebene zunächst auf der positiven x-Achse und stellen eine der n Schaufeln dar, der n = Deutigkeit der Wurzel wegen liefert Gl. 19) aber auch die Absolutwerte aller Punkte auf den n Schaufeln. Der weitere Faktor $1 - \dfrac{q^2}{z^2}$ in Gl. 18) liefert zunächst für die Kreispunkte den Ausdruck

$$1 - e^{-2i\vartheta} = 1 - \cos 2\vartheta + i \sin 2\vartheta$$

dessen Absolutbetrag wird:

$$\sqrt{(1 - \cos 2\vartheta)^2 + \sin^2 2\vartheta} \quad \ldots \ldots \ldots \ldots \quad 20)$$

Damit wird schließlich:

$$\left|\frac{dw}{dz}\right| = \frac{\sin \vartheta}{n\left(1 + \dfrac{\cos \vartheta}{\mu}\right)^{1 - \frac{1}{n}}} \quad \ldots \ldots \ldots \ldots \quad 21)$$

9. Das Radienverhältnis des Schaufelsterns und die Konstanten der Abbildungsfunktion.

In der ζ'-Ebene haben der innere und äußere Endpunkt der einen Schaufel vom Drehpunkt $\zeta' = 0$ die Abstände:

$$\varrho_i = q(\mu - 1); \quad \varrho_a = q(\mu + 1) \quad \ldots \ldots \ldots \ldots \quad 22)$$

In der w-Ebene sind die entsprechenden Radien:

$$r_i = \mu q \sqrt[n]{\frac{\mu - 1}{\mu}}; \quad r_a = \mu \cdot q \sqrt[n]{\frac{\mu + 1}{\mu}} \quad \ldots \ldots \ldots \quad 23)$$

Das Radienverhältnis wird also:

$$p = \frac{r_i}{r_a} \sqrt[n]{\frac{\mu - 1}{\mu + 1}}; \quad \mu = \frac{1 + p^n}{1 - p^n} \quad \ldots \ldots \ldots \quad 24)$$

Aus $\mu = \dfrac{1}{2}\left(\lambda + \dfrac{1}{\lambda}\right)$ ergibt sich ferner

$$\lambda = \mu + \sqrt{\mu^2 - 1} \quad \ldots \ldots \ldots \ldots \ldots \quad 25)$$

wobei nur das positive Wurzelzeichen brauchbar ist, weil $\lambda > 1$ sein muß. Ferner wird:

$$q = \frac{r_a}{\mu} \sqrt[n]{\frac{\mu}{\mu + 1}} = r_a \frac{1 - p^n}{1 + p^n} \sqrt[n]{\frac{1 + p^n}{2}} \quad \ldots \ldots \ldots \quad 26)$$

oder auch

$$q = \frac{r_i}{\mu} \sqrt[n]{\frac{\mu}{\mu - 1}} = \frac{r_i}{p} \cdot \frac{1 - p^n}{1 + p^n} \sqrt[n]{\frac{1 + p^n}{2}} \quad \ldots \ldots \ldots \quad 27)$$

Damit sind die Konstanten der Abbildungsfunktion bestimmt. Wir merken für später noch an:

$$\frac{\lambda - 1}{\lambda + 1} = \sqrt{\frac{\mu - 1}{\mu + 1}} = \sqrt{p^n} \quad \ldots \ldots \ldots \ldots \quad 28)$$

Es ist nützlich, einige Grenzwerte festzustellen; p variiert zwischen 0 und 1.

$$p \to 0 \text{ bei endlichem } n; \quad \sqrt{p^n} = 0, \quad \mu = 1, \quad \lambda = 1, \quad q = \sqrt[n]{\frac{1}{2}} \cdot r_a$$

$$p \to 1 \text{ bei jedem } n; \quad \sqrt{p^n} = 1, \quad \mu = \infty, \quad \lambda = \infty; \quad p = 0$$

$$n \to \infty \; 0 < p < 1: \quad \sqrt{p^n} = 0, \quad \mu = 1, \quad \lambda = 1; \quad q = r_a.$$

10. Das Potential der Durchflußströmung mit Zirkulation um den Kreis in der z-Ebene.

Die Funktion $\dfrac{Q}{2\pi} \ln z$ stellt eine reine Quelle im Nullpunkt des Koordinatensystems dar. Wir weisen dies rasch nach, indem wir durch Differenzieren die Geschwindigkeit der Strömung ausrechnen. Es wird:

$$(c_r - i c_u)\, e^{-i\vartheta} = \frac{2\pi z}{Q} \cdot e^{-i\vartheta} \quad \ldots \ldots \ldots \ldots \quad 20)$$

also:
$$c_r - i c_u = \frac{Q}{2 \pi r}.$$

Man sieht, es existieren nur Radialgeschwindigkeiten
$$c_r = \frac{Q}{2 \pi r},$$

die auf Kreisen konstant und umgekehrt proportional mit dem Radius sind. Q ist die Ergiebigkeit der Quelle.

In gleicher Weise erkennt man, daß die Funktion $- i \cdot \frac{\Gamma}{2 \pi} \ln z$ die kreisende Strömung (Zirkulation) im entgegengesetzten Sinne des Uhrzeigers mit $\frac{\Gamma}{2 \pi} = c_u r = $ const um den Nullpunkt als Zirkulationskern oder Wirbelpunkt darstellt. Liegen die Quell- oder Wirbelpunkte in beliebigen Punkten $z = z_0$, so muß in den Funktionen $z - z_0$ an Stelle von z treten.

Wir bringen nun im Punkte $z = - \lambda q$ eine Quelle (oder Senke, $\pm Q$) und eine Zirkulation an. Die beiden Funktionen lauten dann
$$F_1 = \frac{Q}{2 \pi} \ln (z + \lambda q \quad \text{und} \quad F_2 = - i \frac{\Gamma}{2 \pi} \ln (z + \lambda q).$$

Die hierdurch erzeugte Strömung soll aber den Kreis umfließen, also auf ihm nur tangentiale Geschwindigkeiten haben. Dies erreicht man nach dem sog. „Spiegelungsprinzip"[1]), indem man

---

[1]) Das Spiegelungsprinzip macht man sich an folgendem einfachen Beispiel klar. Abb. 1 zeigt die Strömung, die von einer Quelle Q in der Nähe einer festen Wand $W — W$ erzeugt wird. Es ist gewonnen, indem zu der freien, von der Wand ungehinderten Strömung der Quelle Q die ihres Spiegel-

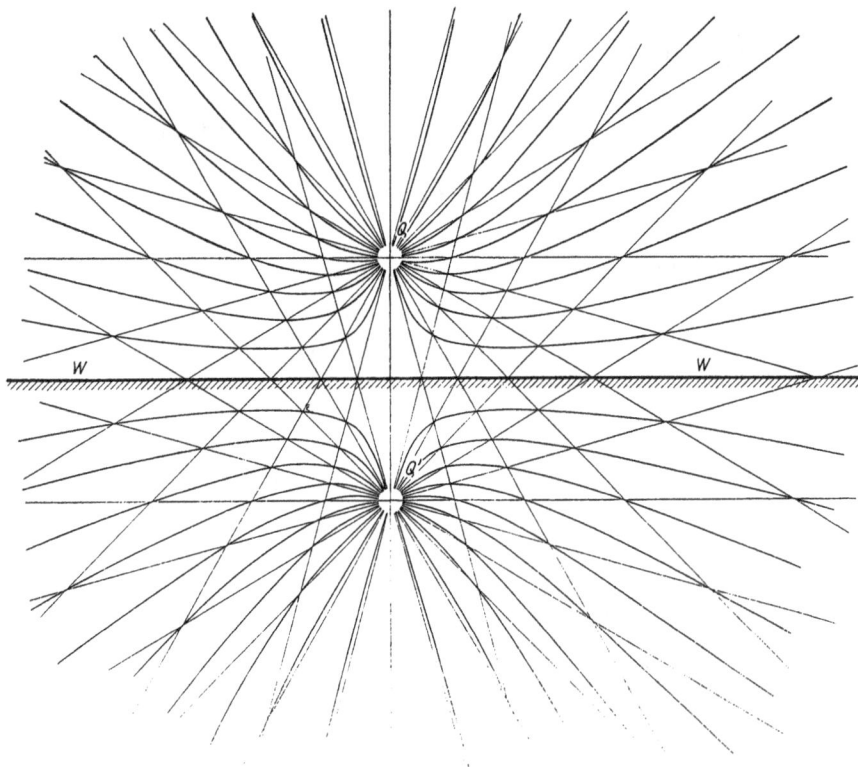

bildes Q' (die Wand als Spiegel aufgefaßt) hinzugenommen wird. Die Überlagerung der beiden Strömungen liefert, wie man sofort sieht, an der Wand, wie es sein muß, nur Tangentialgeschwindigkeiten. Das resultierende Strombild ist nach der Maxwellschen Methode des Diagonalziehens gewonnen. Vgl. J. C. Maxwell, Lehrb. d. Elektrizität u. d. Magnetismus, I. Bd. Berlin 1883. S. 296. Die Spiegelung an gekrümmten Konturen ist verwickelter, aber im Prinzip das gleiche.

zunächst den Punkt $z = -\lambda q$ am Kreise spiegelt, wodurch man den Punkt $z = -\dfrac{q}{\lambda}$ erhält und nun dort eine gleichstarke Quelle und einen gleichstarken, aber entgegengesetzt drehenden Wirbel anordnet. Diese haben die Potentiale

$$F_3 = \frac{Q}{2\pi} \ln\left(z + \frac{q}{\lambda}\right) \quad \text{und} \quad F_4 = +i\frac{\Gamma}{2\pi} \ln\left(z + \frac{q}{\lambda}\right).$$

Darüber hinaus muß man aber bedenken, daß die Strömung im unendlich Fernen eine Wirbelsenke hat, und daß auch diese am Kreise gespiegelt werden muß. Der Spiegelpunkt des unendlich Fernen ist aber der Kreismittelpunkt. Dadurch entstehen noch die Potentiale:

$$F_5 = -\frac{Q}{2\pi} \lg z \quad \text{und} \quad F_6 = -i\frac{\Gamma}{2\pi} \ln z.$$

Schließlich soll auch noch um den Kreis selbst eine Zirkulation Γ_s bestehen; diese wird ebenfalls positiv gegen den Uhrzeigersinn gerechnet und hat das Potential:

$$F_7 = -i\frac{\Gamma_s}{2\pi} \ln z.$$

Das gesuchte Potential der Durchflußströmung finden wir durch Addition der einzelnen:

$$F = \frac{Q - i\Gamma_i}{2\pi} \ln(z + \lambda q) + \frac{Q + i\Gamma_i}{2\pi} \ln\left(z + \frac{q}{\lambda}\right) - \frac{Q + i(\Gamma_i + \Gamma_s)}{2\pi} \ln z \quad \ldots \quad 30)$$

Nennen wir Γ_a die Zirkulation auf Kreisen um das Zentrum C, die aber den Kreis K mit umschließen, so gilt

$$\Gamma_a = \Gamma_i + \Gamma_s \quad \ldots \ldots \ldots \ldots \ldots \ldots \quad 31)$$

10. Das Potential der Verdrängungsströmung.

Wegen der radialen Stellung der Schaufeln ist dort $u_n = u = r\omega$; r ist der Absolutbetrag von w für die Schaufelpunkte; $r = |w|$. w ist uns schon von Gl. (19) bekannt, und zwar gerade in der Winkelkoordinate ϑ der entsprechenden Kreispunkte ausgedrückt. Da $u_n = c_n'$ sein muß ($c_n' =$ Normalkomponente der Strömung an den Schaufeln in der w-Ebene) können wir gleich schreiben:

$$c_n' = w \cdot \omega = \omega\mu q \left(1 + \frac{\cos\vartheta}{\mu}\right)^{\frac{1}{n}} \quad \ldots \ldots \ldots \quad 32)$$

Aus den c_n' erhalten wir die $c_n (= c_r)$ in den entsprechenden Kreispunkten durch Multiplikation mit $\left|\dfrac{dw}{dz}\right|$. Dies ist ebenfalls bereits bekannt (G. 21). Es wird also:

$$c_n = \omega\mu q \left(1 + \frac{\cos\vartheta}{\mu}\right)^{\frac{1}{n}} \cdot \frac{\sin\vartheta}{n\left(1 + \frac{\cos\vartheta}{\mu}\right)^{1 - \frac{1}{n}}} = \frac{\omega\mu q}{n} \cdot \frac{\sin\vartheta}{\left(1 + \frac{\cos\vartheta}{\mu}\right)^{1 - \frac{2}{n}}} \quad \ldots \quad 33)$$

Nunmehr denken wir den Kreisumfang mit Elementarquellen $dq = 2c \cdot ds$ belegt; jede solche liefert ein Elementarpotential

$$dF_8 = \frac{2c_n\,ds}{2\pi} \cdot \ln(z - q \cdot e^{i\vartheta}) \quad \ldots \ldots \ldots \quad 34)$$

und dann das Potential der Gesamtbelegung wird nach Einsetzen von c_n aus (33) durch Integration über den Kreisumfang gefunden zu

$$F_8 = \frac{\omega \mu q^2}{\pi \cdot n} \int_0^{2\pi} \frac{\sin \vartheta \cdot \ln (z - q \, e^{i\vartheta}) \cdot d\vartheta}{\left(1 + \frac{\cos \vartheta}{\mu}\right)^{1-\frac{2}{n}}} \quad \ldots \ldots \ldots \ldots \quad 35)$$

11. Das Gesamtpotential und die Geschwindigkeiten.

Die vollständige Strömung durch das Kreiselrad besitzt also eine Abbildung in der z-Ebene, die durch das Gesamtpotential

$$F = \frac{Q - i\Gamma_i}{2\pi} \ln (z + \lambda q) + \frac{Q + i\Gamma_i}{2\pi} \ln z + \frac{q}{\lambda} +$$

$$- \frac{Q + i(\Gamma_i + \Gamma_s)}{2\pi} \ln z + \frac{\omega \mu q^2}{\pi \cdot n} \int_0^{2\pi} \frac{\sin \vartheta \cdot \ln (z - q \cdot e^{i\vartheta}) \, d\vartheta}{\left(1 + \frac{\cos \vartheta}{\mu}\right)^{1-\frac{2}{n}}} \quad \ldots \ldots \quad 36)$$

dargestellt wird. Zusammen mit den Abbildungsfunktionen der Gl. (11), (13) und (14) beschreibt dies Potential auch die Strömung in der w-Ebene. Durch Differenzieren finden wir die Geschwindigkeiten. Zunächst wird in der z-Ebene

$$c_x - i c_y = \frac{dF}{dz} = \frac{Q - i\Gamma_i}{2\pi(z + \lambda q)} +$$

$$+ \frac{Q + i\Gamma_i}{2\pi\left(z + \frac{q}{\lambda}\right)} - \frac{Q + i(\Gamma_i + \Gamma_s)}{2\pi z} + \frac{\omega \mu q^2}{\pi \cdot n} \int_0^{2\pi} \frac{\sin \vartheta \cdot d\vartheta}{\left(1 + \frac{\cos \vartheta}{\mu}\right)^{1-\frac{2}{n}} \cdot (z - q \, e^{i\vartheta})} \quad \ldots \quad 37)$$

Hieraus findet man die Geschwindigkeiten in der w-Ebene, die als $c_x' - i c_y' = \frac{dF}{dw}$ erscheinen, durch Multiplikation mit $\dfrac{1}{\frac{dw}{dz}}$:

$$\frac{dF}{dw} = \frac{dF}{dz} \cdot 2 \cdot \frac{(\mu q)^{1-n} \cdot n \cdot w^{n-1}}{1 - \frac{q^2}{z^2}} \quad \ldots \ldots \ldots \ldots \quad 38)$$

Für $z = \pm q$, d. h. in der w-Ebene an den Schaufelenden, wird der Zähler Null, die Geschwindigkeit also unendlich groß, wenn nicht gleichzeitig $\dfrac{dF}{dz}$ zu Null wird. Bestimmt man daher die in Gl. 37) erscheinenden Größen $Q, \Gamma_i, \Gamma_s, \omega$ irgendwie so, daß $\dfrac{dF}{dz}$ an einem oder beiden Schaufelenden d. h. für $z = \pm q$ Null wird, so bleibt die Geschwindigkeit dort endlich und ist relativ tangential gerichtet. Man kann aber bei unserem besonderen Beispiel sofort sagen, daß die Größe Q in dieser Beziehung keine Rolle spielen wird. Sie stellt eine rein radiale Strömung dar, die schon von vornherein an den Schaufeln tangential entlanggeht und daher von selbst nur endliche Geschwindigkeiten an ihnen liefert. Wenn wir also die Bedingungsgleichung $\dfrac{dF}{dz}$ für $z = \pm q = 0$ aufstellen, können wir in ihr Q ohne weiteres weglassen ($= $ Null setzen). Diese lautet also allgemein:

$$- \frac{i\Gamma_i}{2\pi q(\lambda + 1)} + \frac{i\Gamma_i}{2\pi q\left(\frac{1}{\lambda} + 1\right)} - \frac{i\Gamma_a}{\pm 2\pi q} + \frac{\omega \mu q}{\pi \cdot n} \int_0^{2\pi} \frac{\sin \vartheta \cdot d\vartheta}{\left(1 + \frac{\cos \vartheta}{\mu}\right)^{1-\frac{2}{n}} \cdot (\pm 1 - e^{i\vartheta})} = 0 \quad 39)$$

wobei $\Gamma_i + \Gamma_s$ im dritten Posten durch Γ_a ersetzt ist.

12. Strömung von innen nach außen.

Wir wollen zunächst Γ_i und ω als gegeben ansehen und können dann Γ_a, damit auch Γ_s berechnen. Es folgt aus Gl. (39) mit dem Pluszeichen nach einigen Umformungen und Aufspalten des Integrals in einen reellen und imaginären Teil[1]):

$$ i\,\Gamma_a = i\,\Gamma_i\,\frac{\lambda-1}{\lambda+1} + \frac{\omega\mu q^2}{n}\left\{\int_0^{2\pi}\frac{\sin\vartheta\cdot d\vartheta}{\left(1+\dfrac{\cos\vartheta}{\mu}\right)^{1-\frac{2}{n}}} + i\int_0^{2\pi}\frac{(1+\cos\vartheta)\,d\vartheta}{\left(1+\dfrac{\cos\vartheta}{\mu}\right)^{1-\frac{2}{n}}}\right\} \quad \ldots \quad 40) $$

Das erste Integral in der Klammer wird aber Null[2]), und es bleibt:

$$ \Gamma_a = \Gamma_i\,\frac{\lambda-1}{\lambda+1} + \frac{\omega\mu q^2}{n}\cdot J_1', $$

wobei also unter J_1' das Integral

$$ J_1' = \int_0^{2\pi}\frac{1+\cos\vartheta}{\left(1+\dfrac{\cos\vartheta}{\mu}\right)^{1-\frac{2}{n}}}\,d\vartheta $$

das jederzeit als Quadratur ausgewertet werden kann, verstanden ist. Da unter dem Integralzeichen eine gerade periodische Funktion steht, schreibt man besser:

$$ J_1' = 2\,J_1 \quad\text{mit}\quad J_1 = \int_0^{\pi}\frac{1+\cos\vartheta}{\left(1+\dfrac{\cos\vartheta}{\mu}\right)^{1-\frac{2}{n}}}\,d\vartheta \quad \ldots\ldots\ldots\ldots \quad 41) $$

und erhält:

$$ \Gamma_a = \Gamma_i\,\frac{\lambda-1}{\lambda+1} + \frac{2\,\omega\mu q^2}{n}\cdot J_1 \quad \ldots\ldots\ldots\ldots \quad 42) $$

Damit ist auch $\Gamma_s = \Gamma_a - \Gamma_i$ bestimmt; es wird

$$ \Gamma_s = \frac{2\,\omega\mu q^2}{n}\cdot J_1 - \Gamma_i\left(1 - \frac{\lambda-1}{\lambda+1}\right) \quad \ldots\ldots\ldots\ldots \quad 43) $$

In der w-Ebene existiert um jede der n-Schaufeln die gleiche Zirkulation wie in der z-Ebene um den Kreis, ferner ist dort Γ_i n-mal größer als in der z-Ebene. Daher ist dort auch Γ_a n-mal größer.

Für die w-Ebene gilt daher:

$$ \Gamma_{a_w} = \Gamma_{i_w}\cdot\frac{\lambda-1}{\lambda+1} + 2\,\omega\mu q^2\cdot J_1 \quad \ldots\ldots\ldots\ldots \quad 44) $$

und mit $\Sigma\Gamma_s = n\,\Gamma_s = \Gamma_{a_w} - \Gamma_{i_w}$

$$ \Sigma\Gamma_s = 2\,\omega\mu q^2\cdot J_1 - \Gamma_{i_w}\left(1 - \frac{\lambda-1}{\lambda+1}\right) \quad \ldots\ldots\ldots\ldots \quad 45) $$

Für $n = \infty$ wird $\lambda = 1$; $\mu = 1$, $\dfrac{\lambda-1}{\lambda+1} = 0$, $q = r_a$ (vgl. Abschn. 9), das Integral wird

$$ J_{1\,n=\infty} = \int_0^{\pi} d\vartheta = \pi $$

somit wird: $\Gamma_a = 2\,\pi\,r_a^2\cdot\omega$.

---

[1]) Dies geschieht einfach durch Multiplikation mit $(1 - e^{-i\vartheta})$ (dem zu $1 - e^{+i\vartheta}$ »konjugierten« Wert) im Zähler und Nenner.

[2]) Dies folgt daraus, daß der Integrand eine ungerade Funktion mit der Periode 2π ist.

Das ist aber genau der nach der alten Eulerschen Theorie berechnete Wert

$$(c_{u_a} = u_a = r_a \cdot \omega; \quad \Gamma_a = 2 r_a \pi \cdot c_{u_a} = 2 \pi r_a{}^2 \cdot \omega).$$

Ist $\Gamma_{i_w} = 0$ (Zuströmung ohne Drall, kein Leitapparat im Innern, wie bei normalen Pumpen), so verschwindet jeder Einfluß der Durchflußströmung und Γ_a und Γ_s sind von Q vollständig unabhängig. Außerdem liegt dann auf alle Fälle eine Pumpe vor, da eine Drallsteigerung erzielt wird. Dies ist hier genau wie in der elementaren Theorie, nach der ja Pumpen mit rein radialen Schaufeln bei drallosem Zustrom eine spezifische Schaufelarbeit unabhängig von der Wassermenge Q haben. Ist Γ_{i_w} von Null verschieden, so macht sich die Durchflußströmung durch ihren Anfangsdrall bemerkbar; dieser kann natürlich unabhängig von Q konstant gehalten werden. Dazu gehört aber bei veränderlicher Wassermenge ein mit Q veränderlicher Leitapparat. Ein unveränderlicher Leitapparat liefert einen mit Q proportionalen Drall, wenn er näherungsweise als ein Schaufelkranz mit ∞ vielen Schaufeln angesehen werden kann (vgl. das durchgerechnete Beispiel; Abschn. 14b). Wenn Γ_{i_w} von Null verschieden ist, so muß noch untersucht werden, ob das Rad als Pumpe oder Turbine arbeitet. Im ersten Fall ist Γ_s positiv, im zweiten negativ. Das Rad läuft also als Pumpe, neutral oder als Turbine je nachdem:

$$\Gamma_{i_w} \underset{>}{\overset{<}{=}} \frac{2 \omega \pi q^2}{1 - \dfrac{\lambda - 1}{\lambda + 1}} \cdot J_1 \qquad \dots \dots \dots \dots \quad 46)$$

ist.

Schließlich kann man noch nach den Bedingungen des „stoßfreien Eintritts" fragen. Soll dieser vorliegen, so muß in der w-Ebene die Geschwindigkeit auch an den inneren Schaufelenden endlich bleiben, in der z-Ebene muß sie dementsprechend auch für $z = -q$ Null sein. Dies liefert eine Bedingung für das Γ_i bzw. Γ_{i_w} des stoßfreien Eintritts, das mit $\Gamma_i{}^0$ bzw. $\Gamma_{i_w}{}^0$ bezeichnet sei. Die Bedingungsgleichung ist Gl. (39) mit dem Minuszeichen. Faßt man in dieser die Γ_i-Posten zusammen und erweitert das Integral mit $1 + e^{-i\vartheta}$, wodurch es in Reell und Imaginär aufgespalten wird, so ergibt sich, da der Realteil des Integrals $= $ Null wird:

$$\Gamma_i{}^0 \left(-\frac{1}{\lambda - 1} + \frac{1}{\dfrac{1}{\lambda} - 1} \right) + \Gamma_a{}^0 + \frac{\omega \mu q^2}{n} \int\limits_0^{2\pi} \frac{1 - \cos \vartheta}{\left(1 + \dfrac{\cos \vartheta}{\mu} \right)^{1 - \frac{2}{n}}} d\vartheta \qquad \dots \dots \quad 47)$$

Setzt man hier für $\Gamma_a{}^0$ seinen Wert aus Gl. (42) ein, so folgt:

$$-\frac{4 \lambda}{\lambda^2 - 1} \Gamma_i{}^0 + \frac{2 \omega \mu q^2}{n} \int\limits_0^{\pi} \frac{d\vartheta}{\left(1 + \dfrac{\cos \vartheta}{\mu} \right)^{1 - \frac{2}{n}}} = 0,$$

also schließlich:

$$\Gamma_i{}^0 = \frac{\lambda^2 - 1}{2 \lambda} \cdot \frac{\omega \mu q^2}{n} \int\limits_0^{2\pi} \frac{d\vartheta}{\left(1 - \dfrac{\cos \vartheta}{\mu} \right)^{1 - \frac{2}{n}}}$$

oder

$$\Gamma_i{}^0 = \frac{\lambda^2 - 1}{\lambda} \cdot \frac{\omega \mu q^2}{n} \cdot J_2 \; [1) \qquad \dots \dots \dots \dots \quad 48$$

----

[1]) Die hier für stoßfreien Eintritt entwickelten Formeln stimmen mit den in meiner früheren Arbeit auf dem Umweg über die Fourier-Entwicklung gewonnenen überein. Die dortigen Ausdrücke hängen mit J_1 und J_2 wie folgt zusammen:

$$\Sigma B_{k\,\text{ungerade}} = \frac{\mu}{\pi} \cdot J_2; \quad \Sigma B_{k\,\text{gerade}} = \frac{\mu}{\pi} (J_1 - J_2); \quad n \cdot m = \frac{\Gamma_{i_w}{}^0}{2\pi}; \quad n \cdot c = \frac{\Sigma \Gamma_s{}^0}{2\pi}.$$

mit

$$J_2 = \int_0^\pi \frac{d\vartheta}{\left(1 + \dfrac{\cos\vartheta}{\mu}\right)^{1-\frac{2}{n}}} \quad \cdots \cdots \cdots \cdots \quad 48\,\text{a})$$

Das zugehörige Γ_a wird nach Gl. 42)

$$\Gamma_a = \frac{\omega\,\mu\,q^2}{n}\left\{\frac{(\lambda-1)^2}{\lambda}\cdot J_2 + 2\,J_1\right\} \quad \cdots \cdots \cdots \quad 49)$$

Endlich wird:

$$\Gamma_s{}^0 = \Gamma_a{}^0 - \Gamma_i{}^0 = \frac{2\,\omega\,\mu\,q^2}{n}\left\{\frac{1}{\lambda}\,J_2 + J_1 - J_2\right\}{}^1) \quad \cdots \cdots \quad 50)$$

In der w-Ebene gelten einfach die n-fachen Werte.

Für $n = \infty$ erscheint $\Gamma_i{}^0$ zunächst in der unbestimmten Form $0 \cdot \infty$, da $\lambda \to 1$ und $J_2 \to \infty$ wird. Nach der physikalischen Anschauung ergibt sich aber sofort:

$$\Gamma_{i_{w_{n=\infty}}} = 2\,\pi\,r_i{}^2 \cdot \omega,$$

was durch Auswerten der unbestimmten Form bestätigt wird.

13. Strömung von außen nach innen.

Hier nehmen wir Γ_a und ω als gegeben an und verlangen zunächst tangentiales Abströmen am inneren Schaufelende, d. h. $\dfrac{dF}{dz} = 0$ für $z = -q$. Wir gehen daher jetzt von Gl. 47) aus, in der wir aber nun für gegebenes Γ_a nach Γ_i auflösen.

Wir erhalten in der z-Ebene:

$$\Gamma_i = \frac{\lambda-1}{\lambda+1}\left\{\Gamma_a + \frac{2\,\omega\,\mu\,q^2}{n}\int_0^\pi \frac{1-\cos\vartheta}{\left(1+\dfrac{\cos\vartheta}{\mu}\right)^{1-\frac{2}{n}}}\,d\vartheta\right\} \quad \cdots \cdots \quad 51)$$

$$\Gamma_i = \frac{\lambda-1}{\lambda+1}\left\{\Gamma_a + \frac{2\,\omega\,\mu\,q^2}{n}(2\,J_2 - J_1)\right\} \quad \cdots \cdots \cdots \quad 52)$$

und in der w-Ebene:

$$\Gamma_{i_w} = \frac{\lambda-1}{\lambda+1}\left\{\Gamma_i + 2\,\omega\,\mu\,q^2\,(2\,J_2 - J_1)\right\} \quad \cdots \cdots \cdots \quad 53)$$

Wenn $n = \infty$ wird, liegt zunächst eine unbestimmter Ausdruck vor. Dessen Auswertung ergibt aber in Übereinstimmung mit der physikalischen Anschauung, daß dann Γ_i unabhängig von Γ_a, und zwar $\Gamma_i = 2\,\pi\,r_i{}^2\,\omega$ ist.

Wir bestimmen noch $\Gamma_s = \Gamma_a - \Gamma_i$ und erhalten:

$$\Gamma_s = \Gamma_a\left(1 - \frac{\lambda-1}{\lambda+1}\right) - \frac{\lambda-1}{\lambda+1}\cdot\frac{2\,\omega\,\mu\,q^2}{n}\,(2\,J_2 - J_1) \quad \cdots \cdots \quad 54)$$

und in der w-Ebene

$$\Sigma\Gamma_s = \Gamma_{a_w}\left(1 - \frac{\lambda-1}{\lambda+1}\right) - \frac{\lambda-1}{\lambda+1}\cdot 2\,\omega\,\mu\,q^2\,(2\,J_2 - J_1) \quad \cdots \cdots \quad 55)$$

Solange $\Sigma\Gamma_s$ positiv ist, liegt eine Turbine vor; das Rad arbeitet demnach als Turbine, neutral oder als Pumpe, je nach dem:

$$\Gamma_{a_w} \gtrless (\lambda-1)\,\omega\,\mu\,q^2\,(2\,J_2 - J_1) \quad \cdots \cdots \cdots \quad 56)$$

---

[1]) Siehe Fußnote auf S. 23.

ist. Die Frage nach der Bedingung stoßfreien Eintritts ist durch die entsprechende Rechnung in Abschn. 12 bereits mit erledigt; denn da die bei stoßfreiem Eintritt zusammengehörigen Werte $\Gamma_a{}^0$ und $\Gamma_i{}^0$ von Q überhaupt unabhängig sind, sind sie es auch von der Richtung von Q.

14. Ergebnisse für ein Zweischaufel-Kreiselrad mit dem Radienverhältnis

$$p = \frac{r_i}{r_a} = \frac{1}{2}.$$

Es wird:

$$\mu = \frac{1 + \frac{1}{4}}{1 - \frac{1}{4}} = \frac{5}{3}; \quad \lambda = \frac{5}{3} + \sqrt{\frac{25}{9} - 1} = 3.$$

$$q = 0{,}475\, r_a = 0{,}95\, r_i.$$

$$J_1 = \int_0^\pi (1 + \cos \vartheta)\, d\vartheta = \vartheta + \sin \vartheta \Big|_0^\pi = \pi.$$

$$J_2 = \int_0^\pi d\vartheta = \pi; \quad J_1 - J_2 = 0; \quad 2J_2 - J_1 = \pi.$$

a) Bei Strömung von innen nach außen ohne Anfangsdrall besteht natürlich niemals stoßfreier Eintritt. Das Rad wirkt immer als Pumpe. Hätte es unendlich viele Schaufeln, so würde es unabhängig von der Fördermenge eine Austrittszirkulation $\Gamma_{a\,n=\infty} = 2\,\pi\, r_a{}^2 \cdot \omega$ und eine theoretische Förderhöhe $H_{th_{n=\infty}} = \dfrac{\omega^2 r_a{}^2}{g}$ erzwingen. Mit zwei Schaufeln erzwingt es — ebenfalls unabhängig von Q — nur ein

$$\Gamma_{a\,n=2} = 2\,\omega\, (0{,}475\, r_a)^2 \cdot \frac{5}{3}\, \pi = 0{,}375 \cdot 2\,\pi\, r_a{}^2 \cdot \omega,$$

also nur 37,5% des Wertes für unendliche Schaufelzahl; im gleichen Verhältnis ist die Förderhöhe verringert. Die theoretischen Charakteristiken zeigt Abb. 12.

b) Will man bei einer innen beaufschlagten Kreiselradmaschine mit radialen Schaufeln stoßfreien Eintritt ermöglichen, so muß man einen Eintrittsleitapparat anordnen. Wir denken uns ihn, wie schon mehrfach erwähnt, eng um die Axe konzentriert und mit sehr vielen, und zwar zunächst unveränderlichen Schaufeln ausgerüstet, die auf dem Kreise mit dem Radius r_e unter dem Winkel α gegen die positive Umfangsrichtung enden mögen. Der Austrittskreis wird dann unter angenähert gleichen Winkeln ($= \alpha$) und mit angenähert gleicher Geschwindigkeit durchflossen, und das Leitrad erzeugt eine Anfangszirkulation, die sich folgendermaßen rechnet. Der Kreis $r = r_e$ wird von Q mit der Radialgeschwindigkeit $c_r = \dfrac{Q}{2\,\pi r_2}$, also mit der Tangentialgeschwindigkeit $c_u = \dfrac{Q}{2\,\pi r_e} \cdot \operatorname{cotg} \alpha$ durchflossen. Somit ist die Zirkulation $\Gamma_i = Q \operatorname{cotg} \alpha$, also von Q und $\operatorname{cotg} \alpha$ linear abhängig.

Mit unendlich vielen Schaufeln wäre die theoretische Förderhöhe

$$H_{th_{n=\infty}} = \frac{\omega}{g} \frac{2\,\pi r_e{}^2 \omega - Q \operatorname{cotg} \alpha}{2\,\pi} = \frac{r_a{}^2 \omega^2}{g} \left(1 - \frac{Q \operatorname{cotg} \alpha}{2\,\pi r_a{}^2 \omega} \right) \quad \ldots \ldots \text{Gl. 4!)}$$

da außen $\Gamma_{a\,n=\infty} = 2\,\pi r_a{}^2 \omega$ unabhängig von Γ_i erzielt wird.

Mit 2 Schaufeln wird aber außen nach Gl. (42) nur

$$\Gamma_{a\,n=2} = \Gamma_i \cdot \frac{3-1}{3+1} + 0{,}375 \cdot 2\,\pi r_a{}^2 \omega$$

oder

$$\Gamma_{a\,n=2} = \frac{Q \operatorname{cotg} \alpha}{2} + 0{,}375 \cdot 2\,\pi r_a{}^2 \omega$$

erzielt und die Differenz $\Gamma_a - \Gamma_i = \Sigma \Gamma_s$ wird:

$$\Sigma \Gamma_{s_{n=2}} = 0{,}375 \cdot 2 \pi r_a{}^2 \omega - \frac{Q \cot g\, \alpha}{2}.$$

Damit folgt:

$$H_{\text{th}_{n=2}} = \frac{\omega}{g} \cdot \frac{0{,}375 \cdot 2 \pi r_a{}^2 \omega - \dfrac{Q \cot g\, \alpha}{2}}{2 \pi}.$$

Beide Charakteristiken (für $n = \infty$ und $n = 2$) sind gerade Linien die durch die Punkte für $Q = 0$ und $H = 0$ festliegen. Es ist:

$$H_{Q=0,\ n=2} = 0{,}375\, H_{Q=0,\ n=\infty}$$

$$Q_{H=0,\ n=2} = 0{,}75\, Q_{H=0,\ n=\infty}.$$

Bei ∞ vielen Schaufeln tritt stoßfreier Eintritt ein, wenn

$$Q \cdot \cot g\, \alpha = 2 \pi r_i{}^2 \omega = 0{,}25 \cdot 2 \pi r_a{}^2 \omega$$

ist; bei $n = 2$ muß dagegen (Gl. 48!):

$$Q \cdot \cot g\, \alpha = \frac{3^2 - 1}{3} \cdot \omega\, (0{,}95 \cdot r_i)^2 \cdot \frac{5}{3}\, \pi$$

$$= 4{,}005 \cdot \pi r_i{}^2 \cdot \omega = \sim 1{,}0 \cdot \pi r_a{}^2 \omega$$

$$= \sim 0{,}5 \cdot 2 \pi r_a{}^2 \omega$$

sein; also $\sim$ doppelt so groß wie bei unendlicher Schaufelzahl. Dieses Resultat kann nicht überraschen. Denn bei unendlicher Schaufelzahl braucht Γ_i auf dem Kreise $r = r_i$ nur eine Geschwindigkeit $c_u = r_i \omega$ zu liefern, da die Schaufelzirkulation unendlich klein ist und keine Gegenwirkung

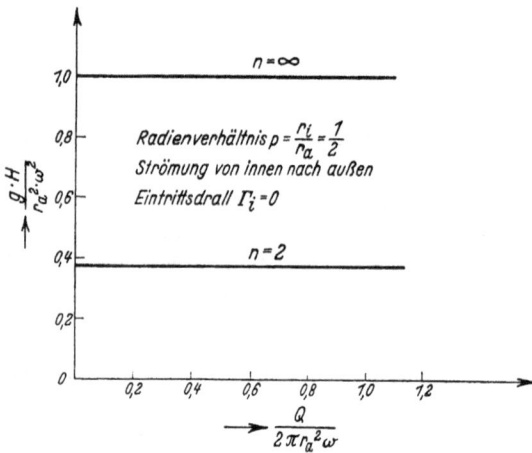

Abb. 12.

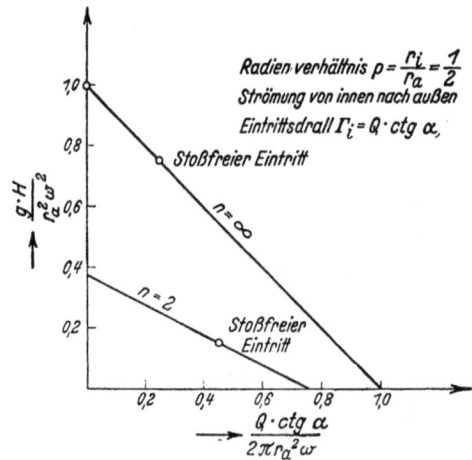

Abb. 13.

durch Umströmen der Schaufelenden liefert. Bei endlicher Schaufelzahl aber erzeugt die Schaufelzirkulation eine Gegengeschwindigkeit durch Umströmen der Kante entgegengesetzt der Geschwindigkeit $r \omega$. Diese muß an den Schaufelkanten durch Γ_i ausgelöscht, ihr Betrag also über $r \omega$ hinaus von Γ_i noch mit erzeugt werden. Das Resultat ist ein Analogon zur der Aufkrümmung der Stromlinien vor einem Tragflügel. Abb. 13 zeigt die Förderhöhen $\dfrac{2 g H}{r_a{}^2 \omega^2}$ aufgetragen über $\dfrac{Q \cot g\, \alpha}{2 \pi r^2 \omega}$. Natürlich liegt im ganzen Bereich Pumpenwirkung vor. Bei stoßfreiem Eintritt ist das Förderhöhenverhältnis $\sim 0{,}25$.

c) Wenn allgemein ein innen beaufschlagtes Kreiselrad mit beliebiger, aber unveränderlicher Anfangszirkulation angeströmt wird, so arbeitet es je nach der

Winkelgeschwindigkeit als Pumpe oder Turbine. Wenn das Rad stillsteht, wird Γ_i auf $\Gamma_{a\,\omega=0} = \Gamma_i \frac{\lambda-1}{\lambda+1} = \frac{1}{2}\Gamma_i$ verkleinert. Zu diesem Wert kommt durch die Rotation der Betrag $0{,}375 \cdot 2\pi r_a{}^2 \cdot \omega$ hinzu. Dieser reicht aber zunächst nicht aus, um ein $\Gamma_a > \Gamma_i$ herzustellen, wir haben daher zunächst Turbinenbetrieb. Dieser geht in Pumpenbetrieb in dem Moment über, wenn $\Gamma_a = \Gamma_i$ geworden ist.

Abb. 14 zeigt das lineare Ansteigen der erzielten Zirkulation sowie den Übergang vom Turbinen- zum Pumpenbetrieb. Das Diagramm gilt für eine innen beaufschlagte Kreiselradmaschine mit festem Leitrad zwischen Achse und Rad bei unveränderlicher Durchflußmenge, oder mit einem veränderlichen Leitapparat und derart variierten Q, daß $\Gamma_i = Q \, \text{ctg} \, \alpha$ konstant ist. Alle Zirkulationen sind in Γ_i als Einheit gemessen. Auch hier erscheint wieder die Tatsache, daß bei stoßfreiem Eintritt die Anfangszirkulation für $n = \infty$ kleiner ist

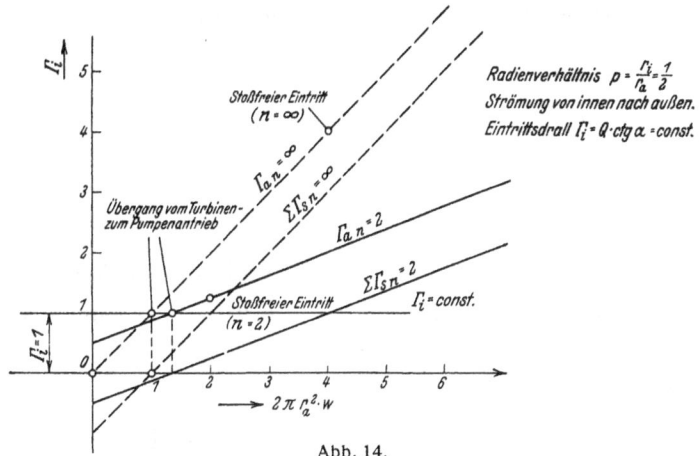

Abb. 14.

$\left(\text{nämlich } \Gamma_i^0 = \dfrac{\Gamma_a^0}{4}\right)$ als für endliche Schaufelzahl $\left(\text{nämlich für } n = 2 : \Gamma_i^0 = \dfrac{\Gamma_a^0}{2}\right)$.

d) Die Strömung von außen nach innen wollen wir so untersuchen, wie es gewöhnlich bei Turbinen der Fall ist. Diese werden bei konstantem Gefälle und mehreren festen Leitradstellungen mit verschiedenen Drehzahlen abgebremst; dann wird zunächst die Momentenkurve aufgetragen und aus dieser alles Weitere abgeleitet. Häufig aber wird jedes für eine feste Leitradstellung so gewonnene Diagramm auf ein konstantes Q umgerechnet, wobei sich die Momentenlinie ändert und das zum Betrieb der Turbine notwendige Gefälle mit ω veränderlich wird. Wir nehmen daher in genügender Entfernung außen um das Rad herum einen Leitapparat an, der die Strömung bei konstanter Durchflußmenge mit unveränderlicher Zirkulation Γ_a entläßt. Bei unendlicher Schaufelzahl ist dann $\Sigma\Gamma_s$, mit der das Moment proportional ist, $= \Gamma_a - 2\pi r_i{}^2 \omega$. Beim Zweischaufelrad tritt an Stelle dessen Gl. (54)

$$\Sigma\Gamma_s = \Gamma_a - \frac{\lambda-1}{\lambda+1}\cdot\Gamma_a -$$
$$-\frac{1}{2}\cdot 2\,\omega\,(0{,}95\,r_i)^2\cdot\frac{5}{3}\cdot\pi$$
$$=\frac{1}{2}\,\Gamma_a - 0{,}75\cdot 2\pi r_i{}^2\,\omega.$$

Der stoßfreie Gang tritt für $n = \infty$ ein, wenn

$$\Gamma_a = 2\pi r_a{}^2\,\omega = 4\cdot 2\pi r_i{}^2\,\omega$$

ist, für $n = 2$ aber, wenn Gl. (49)

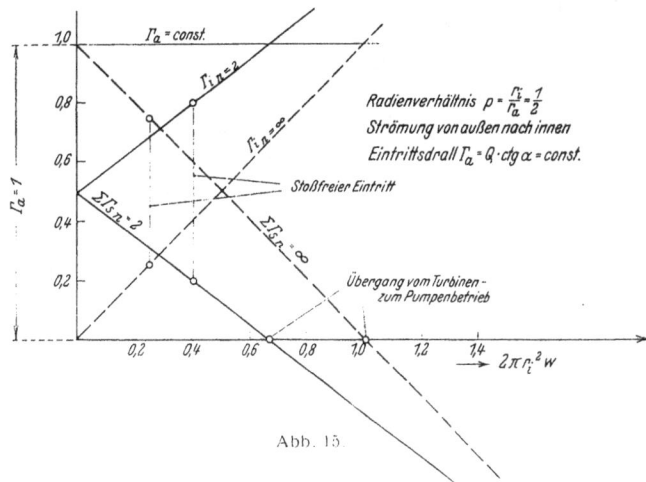

Abb. 15.

$$\Gamma_a = \omega\,(0{,}95\cdot r_i)^2\,\frac{5}{3}\left(\frac{8}{3}\,\pi + 2\,\pi\right) = 2{,}5\cdot 2\,\pi r_i{}^2\cdot\omega.$$

In Abb. 15 sind die Verhältnisse dargestellt. Als Einheit der Zirkulation ist Γ_a gewählt. Bei dieser Stromrichtung ist die Eintrittszirkulation für stoßfreien Eintritt bei $n = 2$ kleiner als bei $n = \infty$ (nämlich im Verhältnis 2,5:4). Dies ist wieder verständlich. Denn hier erzeugt die Zirkulation Γ

an den äußeren Schaufelenden beim Turbinenbetrieb Geschwindigkeiten, die mit den von Γ_s erzeugten gleichgerichtet sind. Bei unendlicher Schaufelzahl fallen diese weg, und Γ_a muß den vollen Betrag $c_u = r \cdot \omega$ auf dem Kreise $r = r_a$ liefern.

15. Die Strömung bei stillstehendem Rade.

Diese ist in unseren Formeln mitenthalten. Sie ist gekennzeichnet durch den Zusammenhang

$$\Gamma_a = \frac{\lambda-1}{\lambda+1} \cdot \Gamma_i \quad\dots\dots\dots\dots\dots \quad 42)$$

bei Strömung von innen nach außen und

$$\Gamma_i = \frac{\lambda-1}{\lambda+1} \cdot \Gamma_a \quad\dots\dots\dots\dots\dots \quad 51)$$

bei Strömung von außen nach innen. Das radiale Kreisgitter verwandelt also unabhängig von der Richtung der Durchflußströmung eine Eintrittszirkulation Γ_1 in eine im Verhältnis $\frac{\lambda-1}{\lambda+1}$ verkleinerte Austrittszirkulation Γ_2. Führen wir Radienverhältnis und Schaufelzahl ein, so ist

$$\Gamma_2 = \Gamma_1 \sqrt{p^n} \quad\dots\dots\dots\dots\dots \quad 57)$$

Der absolute Betrag der Differenz ist:

$$|\Sigma \Gamma_s| = \Gamma_2 - \Gamma_1 = \Gamma_1(1 - \sqrt{p^n}) \quad\dots\dots\dots \quad 58)$$

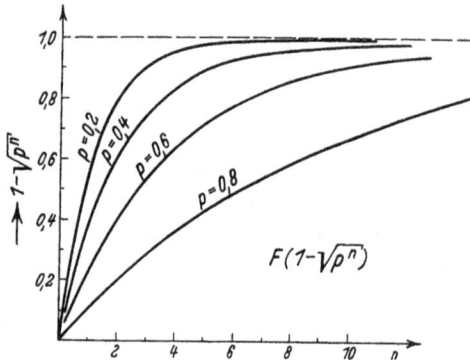

Abb. 16.

Das Vorzeichen ist positiv bei Strömung von außen nach innen, negativ bei umgekehrter Strömung. In jedem Fall aber ist $|\Sigma \Gamma_0|$ mit dem Drehmoment des Gitters um die Achse proportional. Bei $n = \infty$ wird $|\Sigma \Gamma_s| = \Gamma_i$, weil die Eintrittszirkulation vollständig vernichtet wird ($\Gamma_2 = 0$). Daher ist

$$\frac{|\Sigma \Gamma_s|_{n=n}}{|\Sigma \Gamma_s|_{n=\infty}} = 1 - \sqrt{p^n}, \quad 59)$$

und dieser Ausdruck mißt auch gleich das Drehmomentenverhältnis.

Abb. 16 zeigt den Verlauf der Funktion $1 - \sqrt{p^n}$.

16. Strömung durch ein Parallelgitter mit Schaufeln senkrecht zur Gitterachse (Kuttasche Jalousieströmung)[1].

Durch die Transformation $w = \mu q \sqrt[n]{\frac{\zeta'}{\mu q}}$ erhielten wir aus einer radialen Schaufel das Kreisgitter mit n radialen Schaufeln. Setzen wir an deren Stelle die Transformation

$$w = \ln \zeta' \quad\dots\dots\dots\dots\dots\dots \quad 60)$$

und schreiben

$$w = x' + i y', \quad \zeta' = \varrho \cdot e^{i\psi},$$

so finden wir

$$x' + i y' = \ln \varrho + i \psi$$

also

$$x' = \ln \varrho; \quad y' = \psi \quad\dots\dots\dots\dots \quad 61)$$

Den Kreisen $\varrho = $ konst entsprechen die Parallelen der imaginären Achse, den Halbstrahlen $\psi =$ konst diejenigen der reellen Achse. Da aber der gleiche Halbstrahl den Wert $\psi = \alpha + 2\pi k$ ($k = 1, 2, 3 - 1, -2, \dots$) haben kann, so entspricht die ganze ζ'-Ebene zunächst einem Streifen der w-

[1] Siehe Literaturnachweis Nr. 9 und 10.

Ebene von $y' = 0$ bis $y' = 2\pi$, dann aber auch allen anderen Streifen gleicher Breite. Die ζ'-Ebene und damit die ζ- und z-Ebene sind daher unendlich vielblättrig aufzufassen. Umgekehrt wird jeder Streifen von der Breite $\Delta y' = 2\pi$ um eine Schaufel der w-Ebene eindeutig auf ein Blatt der anderen Ebenen abgebildet. Der einen Schaufel der ζ'-Ebene entspricht ein unendlich ausgedehntes Gitter mit der Schaufelteilung $t = 2\pi$. Den Punkten $\zeta' = q\ (\mu \pm 1)$ entsprechen die Punkte $w = \ln q\ (\mu \pm 1)$; die Länge der Schaufeln in der w-Ebene (= Gitterhöhe h) ist demnach:

$$h = \ln\frac{\mu+1}{\mu-1} = 2\ln\frac{\lambda+1}{\lambda-1} \quad \ldots \ldots \ldots \ldots \quad 62)$$

Das Gitterverhältnis $\dfrac{h}{t}$ wird demnach

$$\frac{h}{t} = \frac{1}{\pi}\ln\frac{\lambda+1}{\lambda-1} \quad \ldots \ldots \ldots \ldots \ldots \quad 63)$$

oder umgekehrt:

$$\frac{\lambda+1}{\lambda-1} = e^{\pi\frac{h}{t}} \quad \ldots \ldots \ldots \ldots \ldots \quad 64)$$

Die Aufeinanderfolge der Transformationen von der z- auf die w-Ebene ist im übrigen die gleiche wie früher. Den Schaufelenden entsprechen wieder die Punkte $z = \pm q$. In diesen wird

$$\frac{dw}{dz} = \frac{dw}{d\zeta'} \cdot \frac{d\zeta'}{d\zeta} \cdot \frac{d\zeta}{dz} = \frac{1}{\zeta'} \cdot 1 \cdot \frac{1}{2}\left(1 - \frac{a^2}{z^2}\right) \quad \ldots \ldots \ldots \quad 65)$$

zu Null. Die Folge ist auch hier, daß an den Schaufelenden der w-Ebene die Geschwindigkeit

$$\frac{dF}{dw} = \frac{dF}{dz} \cdot \frac{1}{\dfrac{dw}{dz}}$$

unendlich wird, wenn nicht gleichzeitig $\dfrac{dF}{dz} =$ Null wird. Die Strömung in der z-Ebene wird durch die Transformation folgendermaßen verändert. Der Sitz der Wirbelquelle $z = -\lambda q$ ist in der ζ'-Ebene in den Punkt $\zeta' = 0$ gelangt; dem entspricht in der w-Ebene das Gebiet $x' = -\infty$; die Wirbelquelle ist also ins Unendliche abgerückt. Während sie in der z-Ebene in ihrer nächsten Umgebung Strömung nach logarithmischen Spiralen unter dem Winkel $\gamma_i \left(\text{mit } \mathrm{tg}\,\gamma_1 = \dfrac{\Gamma_i}{Q}\right)$ gegen die Radien erzeugte, verläuft die transformierte Strömung in der w-Ebene unter dem gleichen Winkel gegen die reelle Achse, ist also in eine Parallelströmung verwandelt. Ferner verläuft für $z \to \infty$ die angesetzte Strömung wie die einer Wirbelsenke nach logarithmischen Spiralen unter dem Winkel $\gamma_2 \left(\mathrm{tg}\,\gamma_2 = \dfrac{\Gamma_a}{Q}\right)$ gegen die Radien. Dem entspricht in der w-Ebene im Gebiete $x' = +\infty$ eine Parallelströmung mit dem Winkel γ_2 gegen die reelle Achse. Die Wirbelquellströmung in der z-Ebene von innen nach außen mit der Zirkulation um den Kreis ist also in eine durch das Gitter aus ihrer ursprünglichen Richtung abgelenkte Parallelströmung verwandelt. Um jede Schaufel existiert eine Zirkulation Γ_s. Den Zirkulationen Γ_i bzw. Γ_a entsprechen die Linienintegrale $\int_0^t c_y\,dy$ über eine Schaufelteilung gemessen vor bzw. hinter dem Gitter. Der Zusammenhang zwischen Γ_{a_w} und Γ_{i_w} ist aber unter der Bedingung tangentialen Abströmens der gleiche wie bisher, nämlich

$$\Gamma_{a_w} = \Gamma_{i_w}\frac{\lambda-1}{\lambda+1}.$$

Man kann aber für Γ_a und Γ_i in genügend (streng genommen unendlich) weiter Entfernung vor und hinter dem Gitter auch schreiben:

$$\Gamma_{a_w} = c'_{y_a\infty} \cdot t \quad \text{und} \quad \Gamma_{i_w} = c'_{y_i\infty} \cdot t$$

und erhält dann:

$$c'_{y_a\infty} = c'_{y_i\infty} \cdot \frac{\lambda-1}{\lambda+1} = c'_{y_i\infty} \cdot \frac{1}{e^{\pi\frac{h}{t}}} \quad \ldots \ldots \ldots \ldots \quad 66)$$

3*

Die Änderung Δc_y der y-Komponente der w-Ebene besteht in einer Verkleinerung; ihr absoluter Betrag ist:

$$|\Delta c_y| = \frac{e^{\pi \frac{h}{t}} - 1}{e^{\pi \frac{h}{t}}} \cdot c_{v_i\infty} \quad \ldots \ldots \ldots \ldots \quad 67)$$

Wenn die Schaufeln unendlich dicht stehen, wird der Grenzwert des Bruches 1 und $|\Delta c_y| = c_{v_i\infty}$. Dies entspricht auch der Vorstellung, daß ein unendlich dichtes Schaufelgitter eine vollkommene Parallelströmung parallel der x-Achse erzeugt, also die cy-Komponente der vor dem Gitter ankommenden Strömung vollkommen aufhebt. Die verhältnismäßige Wirkung des Gitters wird also durch:

$$\frac{|\Delta c_y|_{\frac{h}{t}}}{|\Delta c_y|_{\frac{h}{t}=\infty}} = \frac{e^{\pi \frac{h}{t}} - 1}{e^{\pi \frac{h}{t}}} \quad \ldots \ldots \quad 68)$$

gemessen.

$|\Delta c_y| \cdot t$ ist $=$ der Schaufelzirkulation und proportional mit der durch die Strömung in Richtung des Gitters ausgeübten Kraft (Tangentialschub). Abb. 17 zeigt den Verlauf der Funktion $\dfrac{e^{\pi \frac{h}{t}} - 1}{e^{\pi \frac{h}{t}}}$. Die entwickelte Beziehung ist schon von Kutta durch andere Transformationen gefunden.[1]

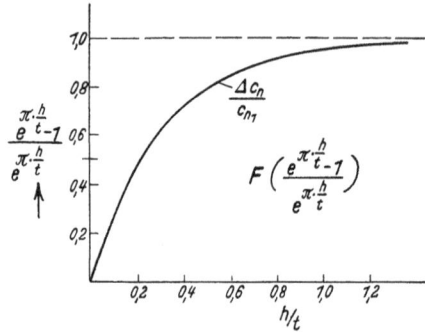

Abb. 17.

17. Die allgemeine Strömung durch das rotierende Rad.

Wenn in Gl. 36) alle Größen Q, Γ_i, Γ_s und ω bekannt sind, so ist die Strömung in der z- oder w-Ebene vollständig bestimmt. Im wesentlichen kommt es auf die Bestimmung von Γ_s bzw. $\Sigma\Gamma_s$ an, da man Q, Γ_i und ω als bekannt — entweder konstant oder in bekannter vorgegebener Weise variiert — anzusehen hat. Die Gl. 45) und 55) leisten diese Bestimmung. Man sieht, daß sich $\Sigma\Gamma_s$ aus zwei Teilen zusammensetzt. Der erste rührt von der Durchflußströmung durch das stillstehende Rad her; dieser ist für beide Durchflußrichtungen seinem absoluten Betrage nach gleich und mit der gegebenen Anfangszirkulation proportional. Der zweite kommt von der Rotation des Rades und wächst linear mit ω; er ist für die beiden Durchflußrichtungen verschieden. Da die Anfangszirkulation bei festen Leitvorrichtungen mit Q proportional ist, so wird $\Sigma\Gamma_s$ in Q und ω linear nach der allgemeinen Formel

$$\Sigma\Gamma_s = a \cdot Q + b \cdot \omega \quad \ldots \ldots \ldots \ldots \ldots \quad 69)$$

Der Bau dieser Formel ist genau der gleiche wie in der Eulerschen Theorie; jedoch haben a und b nur für $n = \infty$ die gleichen Werte wie dort.

Der Koeffizient a ist seinem absoluten Betrage nach für die rein radialen Schaufeln

$$a = (1 - \gamma\, p^n)\, \mathrm{cotg}\,\alpha \quad \ldots \ldots \ldots \ldots \quad 70)$$

(s. Gl. 58) und die Erörterungen in Abschn. 14 b).

Der Koeffizient b bei radialen Schaufeln ist seinem Betrage nach für Strömung von innen nach außen:

$$b = 2\,\mu\, q^2 \cdot J_1 = 2\, \frac{1 - p''}{1 + p''}\, \sqrt{\left(\frac{1 + p''}{2}\right)^2} \cdot J_1 \cdot r_a{}^2 \quad \ldots \ldots \ldots \quad 71)$$

(s. Gl. 26) und 45)).

[1] Siehe Literaturverzeichnis Nr. 9.

Für Strömung von außen nach innen:

$$| h | = p^{\frac{n}{2}-2} \cdot \frac{1-p^n}{1+p^n} \sqrt[n]{\left(\frac{1+p^n}{2}\right)^2} (2 J_2 - J_1) \cdot r_i^2 \dots \dots \dots 72)$$

Die Funktionen in p können für jedes Wertepaar p, n leicht ausgerechnet werden. Die Integrale sind ebenfalls Funktionen von p und n, da μ eine solche ist (vgl. die Definitionsgleichungen 24), 41), 48 a)) und lassen sich durch geeignete Substitutionen auf die Form bringen[1]).

$$J_1 = 2\mu \left[\left(\frac{2}{1-p^n}\right)^{\frac{2}{n}} E_n\,(p) - \sqrt{p^n} \left(\frac{2}{1+p^n}\right)^{\frac{2}{n}} p^2\, K_n\,(p) \right|$$

$$J_2 = \frac{1+p^n}{\sqrt{p^n}} \left(\frac{2}{1+p^n}\right)^{\frac{2}{n}} p^2\, K_n\,(p),$$

wenn

$$E_n\,(p) = \int\limits_0^{\pi/2} \left[1 - (1-p^n)\,\sin^2 x \right]^{\frac{2}{n}} d\,x$$

$$K_n\,(p) = \int\limits_0^{\pi/2} \frac{d\,x}{\left[1 - (1-p^n)\,\sin^2 x \right]^{2/n}}$$

Diese Integrale sind für $n=1$ und $n=2$ in geschlossener Form auswertbar; für $n=4$ gehen sie in die vollständigen elliptischen Integrale zweiter und erster Gattung über.

In Fig. 18 und 19 ist der Verlauf von E_n und K_n bzw. $p^2 \cdot K_n$ für $n=1, 2, 4, 6, 8, 10$ angegeben.

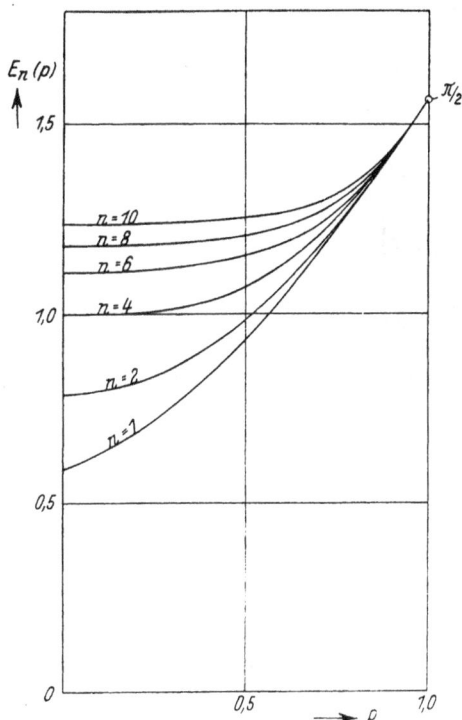

Abb. 18. Das Integral $E_n\,(p)$.

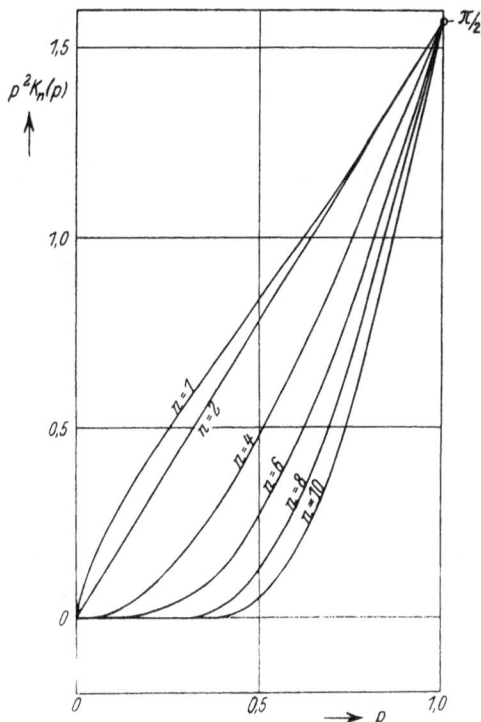

Abb. 19. Das Integral $p^2 K_n\,(p)$.

[1]) Auf diese Möglichkeit hat Herr Dipl.-Ing. E. Weinel aufmerksam gemacht.

18. Geschwindigkeits- und Druckverteilungen.

In erster Linie interessieren die Verhältnisse an den Schaufeln selbst. Kennt man dort die Geschwindigkeiten, so kennt man auch die Druckverteilung; Geschwindigkeit und Druck hängen an jeder Stelle durch die Energiegleichung:

$$\frac{p}{\gamma} + \frac{c^2 - 2\,\omega\,c_u \cdot r}{2\,g} = \frac{p_0}{\gamma} + \frac{c_0{}^2 - 2\,\omega\,(c_u \cdot r)_0}{2\,g} = \text{konst} \quad \ldots \ldots \ldots \quad 73)$$

zusammen. Der Index 0 bezieht sich auf ein Gebiet, in dem man p und c sowie $c_u r$ kennt (entweder das Gebiet in weiter Entfernung außerhalb des Rades oder in der Umgebung der Achse).

Es handelt sich also um die Berechnung der Geschwindigkeiten längs der Schaufel in der w-Ebene und daher längs des Kreises in der z-Ebene.

a) Die Durchflußströmung liefert nur Tangentialgeschwindigkeiten. Einen Anteil derselben kann man bei radialen Schaufeln sofort in der w-Ebene angeben, nämlich den der reinen Quellströmung, die ja als Radialströmung an den radialen Schaufeln überall tangential entlang geht. Es wird für diesen Anteil:

$$c_{t_Q}{}' = \pm \frac{Q}{2\,\pi \cdot r} \quad \ldots \ldots \ldots \ldots \ldots \quad 74)$$

(Q = Durchflußmenge in der w-Ebene!)

Die durch Γ_i und Γ_s verursachten Geschwindigkeiten werden zuerst in der z-Ebene am Kreise ausgerechnet. Man erhält aus Gl. 37), wenn man dort Q und die Verdrängungsströmung wegläßt und z durch $q \cdot e^{i\vartheta}$ ersetzt:

$$(c_r - i\,c_u)\,e^{-i\vartheta} = \frac{i}{2\,\pi\,q}\left\{\Gamma_i\left(\frac{1}{\frac{1}{\lambda} + e^{i\vartheta}} - \frac{1}{\lambda + e^{i\vartheta}}\right) - \frac{\Gamma_a}{e^{i\vartheta}}\right\} \quad \ldots \ldots \quad 75)$$

Rechts muß man in Reell und Imaginär spalten. Man erhält:

$$(c_r - i\,c_u)\,e^{-i\vartheta} = \frac{i}{2\,\pi\,q}\left\{\Gamma_i\,e^{-i\vartheta}\,\frac{\lambda^2 - 1}{1 + \lambda^2 + 2\,\lambda\cos\vartheta} - \Gamma_a\,e^{-i\vartheta}\right\}$$

Wie es sein muß, ergeben sich nur c_u-Komponenten, und zwar

$$c_{u\,\Gamma} = \frac{\Gamma_a}{2\,\pi\,q}\left\{1 - \frac{\Gamma_i}{\Gamma_a}\,\frac{\lambda^2 - 1}{\lambda^2 + 1 + 2\,\lambda\cos\vartheta}\right\} \quad \ldots \ldots \ldots \ldots \quad 76)$$

$$= \frac{\Gamma_s}{2\,\pi\,q}\left\{1 - \frac{\Gamma_i}{\Gamma_s}\left(1 - \frac{\lambda^2 - 1}{\lambda^2 + 1 + 2\,\lambda\cos\vartheta}\right)\right\} \quad \ldots \ldots \ldots \quad 77)$$

Durch Division mit $\left|\dfrac{d\,w}{d\,z}\right|$ nach Gl. 18), 19) bzw. 21) erhält man die entsprechenden Geschwindigkeiten an den Schaufeln:

$$c_{t\,\Gamma}{}' = c_{u\,\Gamma} \cdot \frac{1}{\left|\dfrac{d\,w}{d\,z}\right|}\,.$$

Für Γ_a, Γ_i und Γ_s müssen die gegebenen, bzw. die aus den besonderen An- und Abströmbedingungen errechneten Werte der z-Ebene eingesetzt werden.

b) Die Verdrängungsströmung hat an den Schaufeln Normal- ($c_{u\,\omega}'$) und Tangential- ($c_{t\,\omega}'$) Komponenten. Die erstgenannten sind aber bekannt, aus ihnen ist ja das Potential der Verdrängungsströmung gerade berechnet worden. Ermitteln müssen wir also nur noch die Tangentialkomponenten; dazu begeben wir uns wieder in die z-Ebene und berechnen die Tangentialkomponenten $c_{u\,\omega}$ am Kreise. Zu diesem Zwecke muß das Integral in Gl. 37) in Reell und Imaginär gespalten werden. Es darf aber nicht etwa sofort $z = q \cdot e^{i\vartheta}$ gesetzt werden, sondern es muß zwischen der

Integrationsvariabeln ϑ und der laufenden Koordinate φ, die den Kreispunkt festlegt, an dem die Geschwindigkeit interessiert, unterschieden werden. Wir müssen also $z = q \cdot e^{i\varphi}$ setzen und schreiben

$$J = \frac{\omega \mu q}{\pi \cdot n} \int\limits_0^{2\pi} \frac{\sin \vartheta \cdot d\vartheta}{\left(1 + \frac{\cos \vartheta}{\mu}\right)^{1-\frac{2}{n}} (e^{i\varphi} - e^{i\vartheta})} = \frac{\omega \mu q}{\pi \cdot n} \int\limits_0^{2\pi} \frac{f(\vartheta)\, d\vartheta}{e^{i\varphi} - e^{i\vartheta}} \quad \ldots \ldots \quad 79)$$

mit:

$$f(\vartheta) = \frac{\sin \vartheta}{\left(1 + \frac{\cos \vartheta}{\mu}\right)^{1-\frac{2}{n}}} \quad \ldots \ldots \ldots \ldots \ldots \quad 80)$$

Es folgt:

$$(c_{r_a} - i\, c_{u_a}) \cdot e^{-i\varphi} = e^{-i\varphi} \int\limits_0^{2\pi} \frac{f(\vartheta)\, d\vartheta}{1 - e^{i(\vartheta - \varphi)}} \cdot \frac{\omega \mu q}{\pi n} \cdot$$

also

$$c_{r_\omega} - i\, c_{u_\omega} = \int\limits_0^{2\pi} \frac{f(\vartheta)\, d\vartheta}{1 - e^{i(\vartheta - \varphi)}} \cdot \frac{\omega \mu q}{\pi n} \cdot$$

Durch Erweiterung mit $1 + e^{i(\varphi - \vartheta)}$ kommt:

$$c_{r_\omega} - i\, c_{u_\omega} = \int\limits_0^{2\pi} \frac{f(\vartheta)\, [1 - \cos(\varphi - \vartheta) - i \sin(\varphi - \vartheta)]}{2\,(1 - \cos(\varphi - \vartheta))} \cdot d\vartheta \cdot \frac{\omega \mu q}{\pi \cdot n} \cdot$$

also

$$c_{u_\omega} = \frac{\omega \mu q}{2 \cdot \pi u} \int\limits_0^{2\pi} f(\vartheta) \frac{\sin(\varphi - \vartheta)}{1 - \cos(\varphi - \vartheta)} \cdot d\vartheta.$$

Setzt man $\varphi - \vartheta = \sigma$, so wird:

$$c_u = -\frac{\omega \mu q}{2 \pi u} \int\limits_0^{\pi} [f(\varphi + \sigma) - f(\varphi - \sigma)] \cotg \frac{\sigma}{2}\, d\sigma \quad \ldots \ldots \ldots \quad 81)$$

Das Integral kann für jeden Wert φ ausgewertet werden; daß dabei der Integrand an der Stelle $\sigma = 0$ zunächst unbestimmt erscheint, schadet, wie eine nähere Untersuchung zeigt, nichts. In der w-Ebene ist

$$c'_{t_\omega} = c_{u_\omega} \cdot \frac{1}{\left|\dfrac{dw}{dz}\right|}.$$

c) Die Zusammensetzung von Zirkulations- und Verdrängungsströmung liefert in der z-Ebene:

$$C_{u\, \Gamma,\, \omega} = \frac{\Gamma_a}{2\pi q} \left\{1 - \frac{\Gamma_i}{\Gamma_a} \cdot \frac{\lambda^2 - 1}{\lambda^2 + 1 + 2\lambda \cos \vartheta}\right\} + \frac{\omega \mu q}{\pi \cdot n} \int\limits_0^{2\pi} f(\vartheta) \frac{\sin(\varphi - \vartheta)}{1 - \cos(\varphi - \vartheta)}\, d\vartheta \quad . \quad 82)$$

Dieser Ausdruck wird, wie wir wissen, bei geeigneter Bestimmung von Γ_i und Γ_a, für $\varphi = 0$ und $\varphi = \pi$ zu Null. Das gleiche ist — natürlich ganz allgemein, unabhängig von Γ_i und Γ_a — der Fall mit $\dfrac{dw}{dz}$. Die Geschwindigkeit $c_{t_{\Gamma,\, \omega}}$ an den Schaufelenden erscheint daher zunächst unbestimmt und muß durch Differenzieren der Gl. 82) und der Gl. 21) bestimmt werden. Die letztere liefert:

$$\frac{d\left|\dfrac{dw}{dz}\right|}{d\vartheta} = \frac{1}{n} \cdot \frac{\left(1 + \dfrac{\cos \vartheta}{\mu}\right)^{1-\frac{1}{n}} \cdot \cos \vartheta + \dfrac{1}{\mu}\left(1 - \dfrac{1}{n}\right) \sin^2 \vartheta \left(1 + \dfrac{\cos \vartheta}{\mu}\right)^{-\frac{1}{n}}}{\left(1 + \dfrac{\cos \vartheta}{\mu}\right)^{2-\frac{2}{n}}} \cdot$$

Dies wird für $\vartheta = 0$ und $\vartheta = \pi$ ein endlicher Wert. Bei der Differenzierung von 82) ist zu beachten, daß im ersten Posten die laufende Koordinate in ϑ, unter dem Integral aber in φ geschrieben ist. Daher muß der erste Posten nach ϑ, der zweite nach φ differenziert und die Ausdrücke für $\vartheta = 0$ bzw. $\varphi = 0$ ausgewertet werden. Man erhält:

$$\frac{d\,(c_{u\,\Gamma,\omega})}{d\,(\vartheta,\varphi)} = \frac{\Gamma_i}{2\,\pi q} \cdot \frac{\lambda^2 - 1}{(\lambda^2 + 1 + 2\,\lambda \cos \vartheta)^2} \cdot 2\,\lambda \sin \vartheta +$$

$$+ \frac{\omega\,\mu\,q}{2\,\pi\,n} \int\limits_0^{2\pi} f(\vartheta) \frac{(1 - \cos(\varphi - \vartheta))\cos(\varphi - \vartheta) - \sin^2(\varphi - \vartheta)}{(1 - \cos(\varphi - \vartheta))^2}\, d\,\vartheta.$$

Vom ersten Posten sieht man sofort, daß er für $\vartheta = 0$ und $\vartheta = \pi$ zu Null wird; beim zweiten ist dies aber ebenso, weil der Integrand für $\varphi = 0$ bzw. $\varphi = \pi$ eine ungerade periodische Funktion von ϑ ist.

An den Schaufelenden ist daher:

$$c_{t\,\Gamma,\omega} = 0 \quad \dots \dots \dots \dots \dots \quad 83)$$

19. Ergebnisse für das Zweischaufelrad mit $\dfrac{r_i}{r_2} = \dfrac{1}{2}$.

Mit den bereits bekannten Zahlenwerten (Abschn. 14) ergibt sich:

$$c_{u\,\Gamma} = \frac{\Gamma_{az}}{2\,\pi \cdot 0{,}95\,r_i}\left\{1 - \frac{\Gamma_i}{\Gamma_a} \cdot \frac{8}{10 + 6 \cos \vartheta}\right\}.$$

Wir wollen nun die Strömung von außen nach innen, und zwar Turbinenbetrieb mit stoßfreiem Eintritt zugrunde legen. Dafür ist, wie wir aus Abb. 15 entnehmen, $\dfrac{\Gamma_i}{\Gamma_a} = 0{,}8$.

Ferner ist zu bedenken, daß $\Gamma_{az} = \dfrac{1}{2}\,\Gamma_{aw}$ ist. Es folgt also:

$$c_{u\,\Gamma} = \frac{\Gamma_{aw}}{2\,\pi\,r_i} \cdot \frac{1}{1{,}9}\left\{1 - \frac{6{,}4}{10 + 6 \cdot \cos \vartheta}\right\} \quad \dots \dots \dots \quad 84)$$

Um $c_{u\,\omega}$ zu bestimmen, ist in diesem Spezialfalle das Integral

$$\int\limits_0^{2\pi} \frac{\sin \vartheta \cdot \sin(\varphi - \vartheta)}{1 - \cos(\varphi - \vartheta)}\, d\,\vartheta$$

auszuwerten. Durch die Substitution $\varphi - \vartheta = x$ wird daraus:

$$\int\limits_0^{2\pi} \sin(\varphi - x) \cdot \frac{\sin x}{1 - \cos x} \cdot d\,x.$$

Dies zerfällt in:

$$-\cos \varphi \int\limits_0^{2\pi} (1 + \cos x)\, d\,x + \sin \varphi \int\limits_0^{2\pi} \sin x \cdot \frac{\cos x}{1 - \cos x}\, d\,x.$$

Das zweite Integral wird, da der Integrand ungerade periodisch ist, Null; der erste Posten wird:

$$\cos \varphi\,(x + \sin x)\Big|_{x = \varphi}^{x = \varphi - 2\pi} = -2\,\pi \cdot \cos \varphi.$$

Statt in φ schreiben wir jetzt die laufende Koordinate wieder in ϑ und erhalten an Stelle von Gl. 81):

$$c_{u\,\omega} = -\frac{\omega\,\mu\,q}{n} \cos \vartheta = -\omega\,\frac{5}{6} \cdot 0{,}95\,r_i \cos \vartheta = -0{,}792 \cdot r_i\,\omega \cos \vartheta \quad \dots \dots \quad 85)$$

Nun entnehmen wir aus Abb. 15 für den stoßfreien Gang

$$2\,\pi\,r_i^2\,\omega = 0{,}4 \cdot \Gamma_{aw}; \quad r_i \cdot \omega = 0{,}4 \cdot \frac{\Gamma_{aw}}{2\,\pi\,r_i} \quad \ldots \ldots \ldots \ldots \quad 85\text{a})$$

und erhalten:

$$c_{u_\omega} = -\,0{,}316 \cdot \frac{\Gamma_{aw}}{2\,\pi\,r_i} \cdot \cos\vartheta \quad \ldots \ldots \ldots \ldots \quad 86)$$

Schließlich resultiert aus Zirkulations- und Verdrängungsströmung:

$$c_{u_{\Gamma,\,\omega}} = \frac{\Gamma_{aw}}{2\,\pi\,r_i}\left\{\frac{1}{1{,}9}\left(1 - \frac{6{,}4}{10 + 6\cos\vartheta}\right) - 0{,}316 \cdot \cos\vartheta\right\} \quad \ldots \ldots \quad 87)$$

Ferner wird durch Einsetzen der Zahlenwerte:

Aus Gl. (19):

$$|\,w\,| = r\,(r_i < r < r_a) = 1{,}582\,(1 + 0{,}6 \cdot \cos\vartheta)^{\frac{1}{2}} \quad \ldots \ldots \ldots \quad 88)$$

Aus Gl. (21):

$$\left|\frac{d\,w}{d\,z}\right| = \frac{1}{2} \cdot \frac{\sin\vartheta}{(1 + 0{,}6 \cdot \cos\vartheta)^{\frac{1}{2}}} \quad \ldots \ldots \ldots \ldots \quad 89)$$

Damit können die $c_{u_{\Gamma,\,\omega}}$ am Kreise und die $c_{t_{\Gamma,\,\omega}}$ an der Schaufel berechnet werden.

In den Abb. 20, 21 und 22 sind die Ergebnisse dargestellt. Als Einheit aller Geschwindigkeiten ist diejenige gewählt, die man durch Division der Anströmzirkulation Γ_{aw} durch den Umfang $2\,\pi\,r_i$ erhält; dadurch ergibt sich eine dimensionslose Darstellung aller Geschwindigkeitswerte.

Das Oval in Abb. 20 zeigt den Verlauf der von Zirkulation und Verdrängung herrührenden Tangentialgeschwindigkeiten. Sie sind auf Vorder- und Rückseite gleich, aber entgegengesetzt gerichtet: auf der Vorderseite von außen nach innen, auf der Rückseite von innen nach außen.

Die von der Durchflußmenge Q verursachten Geschwindigkeiten werden durch Hyperbeln $c_t \cdot r$ = konst dargestellt. Es ist ja

$$c_{tQ} = \frac{Q}{2\,\pi\,r}; \quad \text{für } r = r_i \text{ also:}$$

$$(c_{tQ})_{r=r_i} = \frac{Q}{2\,\pi\,r_i}, \quad \text{vergleicht man}$$

dies mit $\dfrac{\Gamma_{aw}}{2\,\pi\,r_i}$, so ist:

$$\frac{(c_{tQ})_{r=r_i}}{\dfrac{\Gamma_{aw}}{2\,\pi\,r_i}} = \frac{Q}{\Gamma_{aw}}.$$

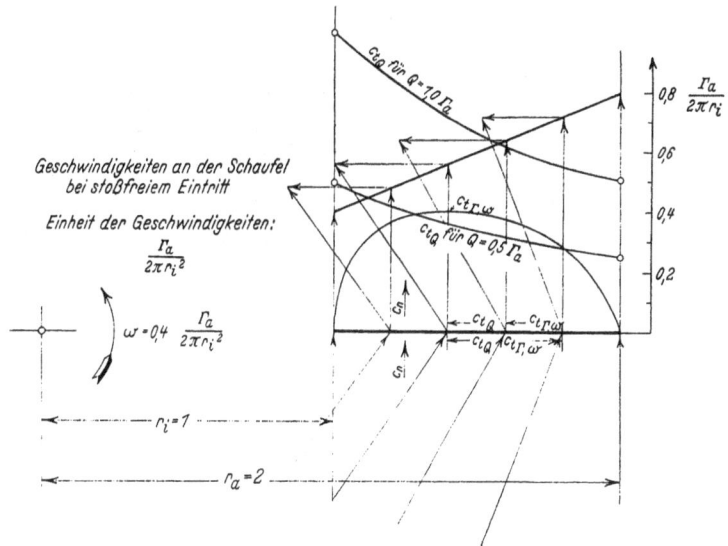

Abb. 20   Außen beaufschlagte Zweischaufelturbine $\dfrac{r_i}{r_a} = \dfrac{1}{2}$

Der dimensionslose Wert der c_{tQ}-Diagramme für $r = r_i$ mißt also das Verhältnis $\dfrac{Q}{\Gamma_a}$. Für zwei solche Werte, nämlich $\dfrac{Q}{\Gamma_a} = 0{,}5$ und $1{,}0$ sind die c_{tQ}-Hyperbeln eingetragen. Die c_{tQ}-Werte sind auf Vorder- und Rückseite von gleicher Größe und gleicher Richtung; nämlich von außen nach innen.

Die Richtung der beiden c_t-Werte sind an der Schaufel auf Vorder- und Rückseite durch Pfeile markiert.

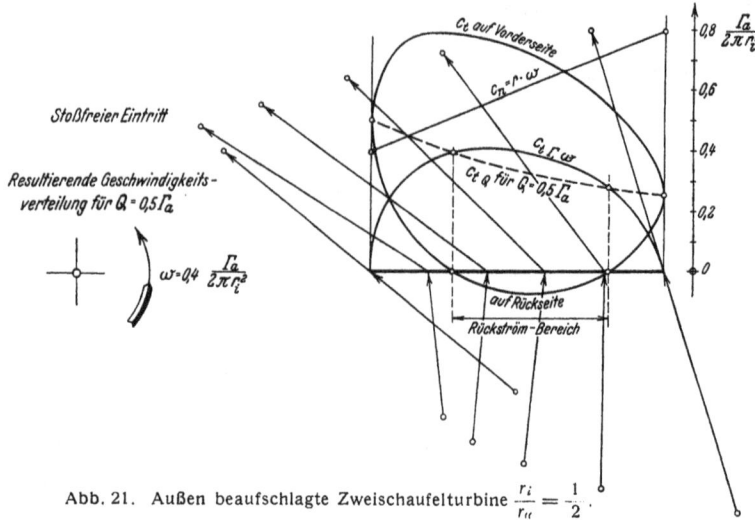

Abb. 21. Außen beaufschlagte Zweischaufelturbine $\dfrac{r_i}{r_a} = \dfrac{1}{2}$.

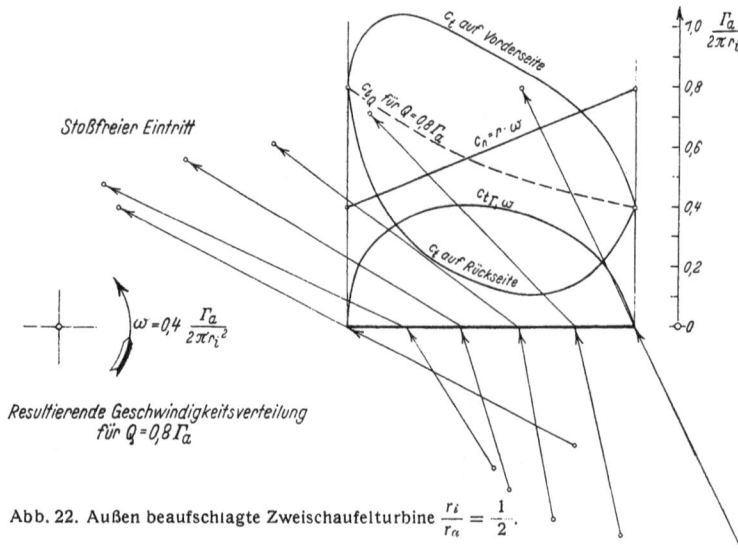

Abb. 22. Außen beaufschlagte Zweischaufelturbine $\dfrac{r_i}{r_a} = \dfrac{1}{2}$.

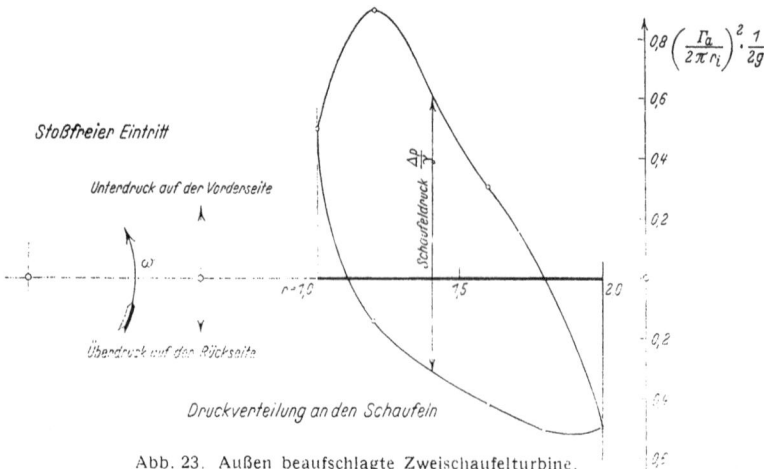

Abb. 23. Außen beaufschlagte Zweischaufelturbine.

Die allein von der Verdrängung herrührenden Normalkomponenten $c_n = r \cdot \omega$ sind durch die gerade Linie durch den Nullpunkt und den Punkt $r = r_i$, $c_n = 0,4$ (entsprechend Gl. 85 a)) dargestellt. Sie sind auf Vorder- und Rückseite von gleicher Richtung, nämlich derjenigen von u; daher sind sie auf der Vorderseite der Schaufel von ihr weg, auf der Rückseite auf sie zu gerichtet.

In Abb. 20 sind nun die c_n- und die c_t-Komponenten zu Resultierenden zusammengesetzt und diese als Vektoren eingezeichnet. Das Geschwindigkeitsbild entspricht der Strömung, die entsteht, wenn die Schaufeln in sonst ruhender Flüssigkeit ($Q = 0$) rotieren und sich dabei solche Zirkulationen ausbilden, daß die Tangentialgeschwindigkeiten an den Schaufelenden endlich (und zwar, wie wir gesehen haben, Null) bleiben. Daß eine solche Strömung für sich allein nicht bestehen kann, sondern in eine andere mit einzelnen, in der Flüssigkeit liegenden und mit ihr bewegten Wirbelzentren übergeht, wird in der zweiten Arbeit dieses Heftes gezeigt. Als Teilströmung der theoretischen Gesamtströmung ($Q \gtrless 0$) ist sie aber wichtig.

In Abb. 21 ist eine Durchflußmenge $Q = 0,5$ angenommen und die von ihr verursachte Strömung der eben beschriebenen Teilströmung überlagert. Dadurch entstehen auf der Vorderseite vergrößerte Tangentialkomponenten nach innen, auf der Rückseite aber nur zum Teil solche nach innen, zum Teil dagegen auch solche nach außen. Das Auftreten der letzteren führt zu einem Rückströmen eines Teiles der Flüssigkeit nach außen, das natürlich nicht auf die Schichten an der Schaufel beschränkt bleibt, sondern in die Flüssigkeit hineingreift. Es bildet sich eine Art Insel, innerhalb deren die Strömung relativ zur Schaufel in geschlossenen Bahnen verläuft (etwa nach Abb. 24). In Abb. 21 sind die von Q, Γ, ω herrührenden Gesamtresultierenden c als Vektoren eingetragen; innerhalb des eingezeichneten Rückströmbereiches haben sie die charakteristischen Komponenten nach außen.

Abb. 22 gibt die Verhältnisse für $Q = 0.8 \, \Gamma_a$. Hier ist das Rückströmen auf der Schaufelrückseite verschwunden, da hier jetzt die c_{t_Q} überall überwiegen.

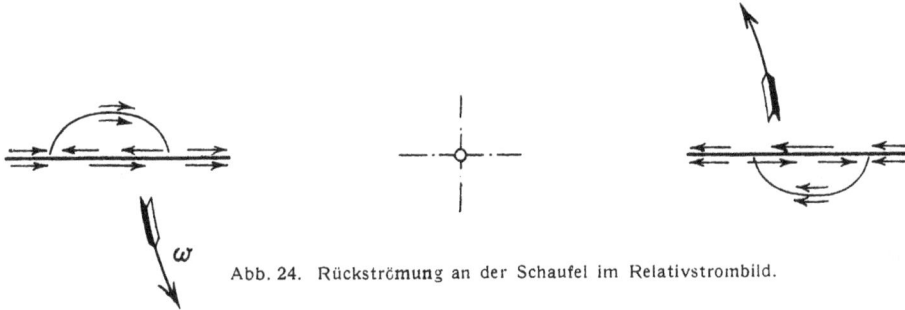

Abb. 24. Rückströmung an der Schaufel im Relativstrombild.

Abb. 23 zeigt die Druckverteilung für den Fall der Abb. 22. Als Nullniveau des Druckes ist dabei irgendein Druck, z. B. derjenige im Unendlichen angenommen. Wenn das Rad in irgendeinem Gefälle eingebaut wäre, hätte man als Nullniveau des Druckes einen Überdruck über dem atmosphärischen vom Betrage der Meter Flüssigkeitssäule, um die das Rad unter dem Oberwasserspiegel sitzt (bei verlustfreier Zuströmung). Die absolut höheren Drücke liegen natürlich auf der Schaufelrückseite (Turbinenwirkung, getriebenes Rad). Als Einheit der Drücke ist der Wert $\left(\dfrac{\Gamma_a}{2\pi r_i}\right)^2 \cdot \dfrac{1}{2g}$ gewählt. Die Schaufel wird mehr durch Unter- als durch Überdruck angetrieben.

20. Potentialströmung und wirkliche Strömung.

Wenn man die Rechnung soweit durchführt, daß man ganze Stromlinienbilder aufzeichnet, so kann ein Vergleich mit experimentell beobachteten Strombildern gezogen werden. Ein solcher ist schon im vorigen Abschnitt angestellt und ein erheblicher Unterschied festgestellt worden. Auch in vielen anderen Fällen wird ein Unterschied vorhanden sein. Demgegenüber muß der Standpunkt festgehalten werden, daß die theoretische Potentialströmung mit oder ohne Zirkulationen ein Zustand ist, der sich im ersten Moment auszubilden sucht und je nach den besonderen Bedingungen zustandekommt oder nicht. Kommt er zunächst zustande, so ist noch die Frage, wie lange er sich hält. Umbildende Ursachen sind in erster Linie Verzögerungen an Führungswänden, zu hohe Geschwindigkeiten an Kanten (auch wenn sie noch nicht unendlich hoch sind). In unserem Beispiel der Abb. 22 besteht einige Aussicht auf tatsächliches Zustandekommen der theoretisch ermittelten Strömung. Die Verzögerung der Tangentialkomponenten (die im vorliegenden Spezialfall gleichzeitig die Relativgeschwindigkeiten längs der Schaufel sind) am Eintrittsende auf der Rückseite, am Austrittsende auf der Vorderseite sind schon wesentlich geringer als in Abb. 21. Noch besser werden diese Verhältnisse bei noch größerem Q. Allgemein kann man sagen: Die tatsächlichen Strömungen werden um so besser mit den errechneten Potentialströmungen übereinstimmen, je näher der Betrieb dem stoßfreien kommt und je größer die Durchflußmenge im Verhältnis zur Drehzahl $\left(\dfrac{Q}{\omega}\right)$, je stärker schließlich die Strömung im Durchschnitt und lokal beschleunigt ist. Strömung von außen nach innen ist also im vorliegenden besonderen Falle der radialen Schaufeln günstiger als die umgekehrte.

Die vorläufig nur auf experimentellem Wege vollkommen durchführbare Untersuchung, wie sich die Potentialströmung in die wirkliche umbildet, ist eine wichtige Ergänzung zu Rechnungen wie der vorliegenden. Beide zusammen aber sind ein wirksames Mittel zur fortschreitenden Erkenntnis in der Strömungsforschung der Kreiselräder.

Literaturverzeichnis.

1. Lamb: Lehrbuch der Hydrodynamik, nach der 3. englischen Auflage übersetzt von Friedel, Leipzig 1907.
2. Prandtl-Tietjens: Hydro- und Aeromechanik. Erster Band. Berlin 1929.
3. W. Müller: Mathematische Strömungslehre, Berlin 1928.
4. J. Cb. Maxwell: Theorie der Elektrizität und des Magnetismus, übersetzt von Weinstein.
5. Grammel: Hydrodynamische Grundlagen des Fluges, Braunschweig 1918.
6. v. Kármán-Trefftz: Potentialströmungen um gegebene Tragflächenquerschnitte. ZFM 1928.
7. v. Mises: Zur Theorie des Tragflächenauftriebes. ZFM. 1917 und 18.
8. Geckeler: Über Auftrieb und statische Längstabilität von Flugzeugtragflächen in ihrer Abhängigkeit von der Profilform. Münchener Dissertation 1921. Verlag Oldenbourg, München.
9. W. M. Kutta: Über ebene Zirkulationsströmungen nebst flugtechnischen Anwendungen. Sonderabdruck aus den Sitzungsberichten d. Königl. Bayer. Ak. d. Wiss. Math. phys. Kl. 1911, vierter Spezialfall. Strömung um die Jalousie. Parallelgitter mit Schaufeln senkrecht zur Gitterachse.
10. E. König: Potentialströmung durch Gitter. ZAMM. Bd. 2, 1922, Heft 6. Parallelgitter mit Schaufeln schräg zur Gitterachse mit und ohne Überdeckung.
11. W. Spannhake: Die Leistungsaufnahme einer parallelkränzigen Zentrifugalpumpe mit radialen Schaufeln. Festschrift d. Hochschule Karlsruhe 1925 oder auch „Hydraulische Probleme", VDI-Verlag 1926. Erstmalige exakte Behandlung eines rotierenden Gitters durch Trennung der verschiedenen Randwertprobleme.
12. W. Spannhake: Anwendung der konformen Abb. auf d. Berechnung von Strömungen in Kreiselrädern. (Erste und zweite Randwertaufgaben.) ZAMM., Bd. 5, 1925, Heft 6. Vorträge der Danziger Tagung, Allgemeine Formulierung des Problems.
13. E. Sörensen: Potentialströmungen durch rotierende Kreiselräder. ZAMM., Bd. 7, 1927, Heft 2. Radialräder mit logarithmischen Spiralen Abb. auf die reelle Achse.
14. W. Schulz: Das Förderhöhenverhältnis radialer Kreiselpumpen mit logarithmisch-spiraligen Schaufeln. ZAMM., Bd. 8, 1928, Heft 1. Näherungsweise Abb. auf den Kreis.
15. Busemann: Das Förderhöhenverhältnis radialer Kreiselpumpen und logarith. spiral. Schaufeln. ZAMM. Bd. 8, 1928, Heft 5. Exakte Abb. auf den Kreis.
16. W. Spannhake und W. Barth: Potentialströmung durch ruhende oder bewegte Schaufelgitter mit Schaufeln beliebiger Form. ZAMM., 1929, Heft 6.
17. Pavel: Ebene Potentialströmungen durch Gitter und Kreiselräder. Züricher Promotionsarbeit 1925. Verl. Rascher & Cie.

Verdrängungsströmungen bei Rotation zylindrischer Schaufeln in einer Flüssigkeit mit freier Oberfläche.

Von W. Barth.

Einleitung.

Die nachstehend beschriebenen Versuche hatten den Zweck, die durch Rotation von Kreiselradschaufeln in ursprünglich ruhendem Wasser entstehende „Verdrängungsströmung" sichtbar darzustellen. Die tatsächlich auftretende Strömung unterscheidet sich erheblich von der im ersten Aufsatz dieses Heftes erwähnten zirkulationslosen Verdrängungsströmung[1]. Die dort besprochene tritt nur als Teilströmung in Kreiselrädern auf, kann aber für sich allein nicht physikalisch existieren, sondern geht sofort in eine Strömung mit Wirbeln in der freien Flüssigkeit und Zirkulation um die Schaufeln über. Diese wurde durch die Versuche sichtbar gemacht und im Lichtbild festgehalten.

Die Beobachtungen gliedern sich in solche im Anfahr- und solche im Beharrungszustand. Dabei bezieht sich die Bezeichnung „Anfahrzustand" weniger auf das Anfahren der Schaufeln als vielmehr auf den Bewegungsbeginn der Flüssigkeit selbst. Die im Anfahrzustand festgestellten Bewegungsformen ähneln, wie man finden wird, in vielem den von v. Kármán und Rubach gemachten[2]. Die von Rubach mitgeteilten Erfahrungen in der Versuchstechnik konntcn hierbei verwendet werden.

Die vorliegende Arbeit ist als ein allererster Schritt auf dem Wege experimenteller Untersuchungen von Teilströmungen in Kreiselrädern anzusehen. Sie trägt besonders zum Verständnis der Strömungen in Kreiselpumpen bei abgestellter Förderung bei und erklärt den Leistungsbedarf in diesem Betriebszustand durch die Wirbel- und Sekundärströmungen, die sich auch schon bei Annäherung an die Fördermenge Null bemerkbar machen und die theoretische Kurve der Leistungsaufnahme in bekannter Weise stark verändern.

Die an die Versuchsbeobachtungen anknüpfenden theoretischen Betrachtungen machen nicht den Anspruch auf eine vollständige Klärung der Erscheinungen. Insbesondere bleibt die Art und Weise der Entstehung der Wirbel an den Schaufelkanten quantitativ ungeklärt[3]. Im übrigen aber unterscheidet sich die Darstellung nicht unerheblich von früheren über ähnliche Gegenstände[4].

---

[1] Vgl. S. 11 dieses Heftes.

[2] Vgl. Th. v. Kármán und H. Rubach: „Über den Mechanismus des Flüssigkeits- und Luftwiderstands", Physikal. Zeitschrift 1922, Nr. 2; ferner H. Rubach: „Über die Entstehung und Fortbewegung des Wirbelpaares hinter zylindrischen Körpern", Forschungsarbeit d. VDI. Nr. 185. 1916.

[3] Vgl. Prandtl: „Über die Entstehung von Wirbeln in der idealen Flüssigkeit." Vorträge aus dem Gebiet der Hydro- und Aerodynamik, Innsbruck 1922, Verl. Springer, Berlin 1924.

[4] Vgl. Rubach a. a. O.

A. Experimenteller Teil.

I. Abschnitt.

Versuchseinrichtung und Verfahren.

a) Die Einrichtung. Der Versuchsapparat ist im Lichtbild Abb. 1 und in den Abb. 2 bis 6 dargestellt. Da der Bewegungszustand dem Idealfall der unendlich ausgedehnten Flüssigkeit angenähert werden sollte, wurde ein kreisrundes Becken mit verhältnismäßig großem Durchmesser (1,5 m) erstellt. Die Wände des Gefäßes sind 20 cm hoch. An einer Stelle ist ein ungefähr 50 cm breiter Überfall eingebaut. Durch Auswechseln des Wehrbleches können verschiedene Überfallhöhen eingestellt werden (s. Abb. 1 und 2). Der Überfall hat den Zweck, die mit Aluminiumpulver bestreute Oberflächenschicht des Beckeninhaltes überlaufen zu lassen. Die rotierenden Versuchsschaufeln werden durch eine vertikale, ca. 1,8 m lange, in der Symmetrieachse des Gefäßes laufende Welle angetrieben. Diese ist mit dem oberen Ende an einem Querträger mittelst Kugellager, am unteren Ende in der Mitte des Gefäßes durch ein Spurlager geführt, das aus einem gehärteten, auf einer Stahlplatte laufenden Stahlstift besteht. Bei Versuchen mit einer Schaufel ist mit der Welle ein Flacheisen verschraubt, an dem der Schaufelhalter K radial verschiebbar angeordnet ist (siehe Abb. 2). Bei Versuchen mit mehreren Schaufeln werden diese an einem Kranz aus Flacheisen befestigt, der mittels eines Armkreuzes aus vernietetem Blech auf der Welle sitzt (s. Abb. 3). Auf dem Ring werden die einzelnen Schaufeln mittels des Schaufelhalters H befestigt. Höhenlage über dem Boden und Winkelstellung gegen den Radius können mit den beiden Einrichtungen für verschiedene Schaufelzahlen beliebig verändert werden.

Abb. 1. Gesamtansicht der Versuchseinrichtung.

Verwendet wurden nur zylindrische Schaufeln mit Mantellinien parallel der Achse. Der Antrieb der Welle erfolgte im wesentlichen durch ein Gewicht (s. Abb. 2). Dieses hängt an einer Schnur, die über eine Rolle R läuft und sich beim Versuch von der am oberen Ende der Welle befestigten Trommel T abwickelt. Um jedoch den Rotor auch möglichst rasch beschleunigen und dann mit durchschnittlich konstanter Winkelgeschwindigkeit weiterbewegen zu können, greift am Ende der Trommelschnur noch eine Feder F an (s. Abb. 5), die bei höchster Stellung des Gewichts in passender Stärke gespannt ist. Nach Ausrücken einer Arretiervorrichtung beschleunigen Federkraft und Gewicht zusammen das System. Dieses dreht sich dann rasch so weit, bis die Feder entspannt ist. Von da ab leistet das Gewicht allein die zur Drehung notwendige Arbeit. Der Rotor bewegt sich dann mit langsam steigender mittlerer Winkelgeschwindigkeit, der jedoch Schwankungen überlagert sind, weiter. Die Schwankungen hätte man dadurch ver-

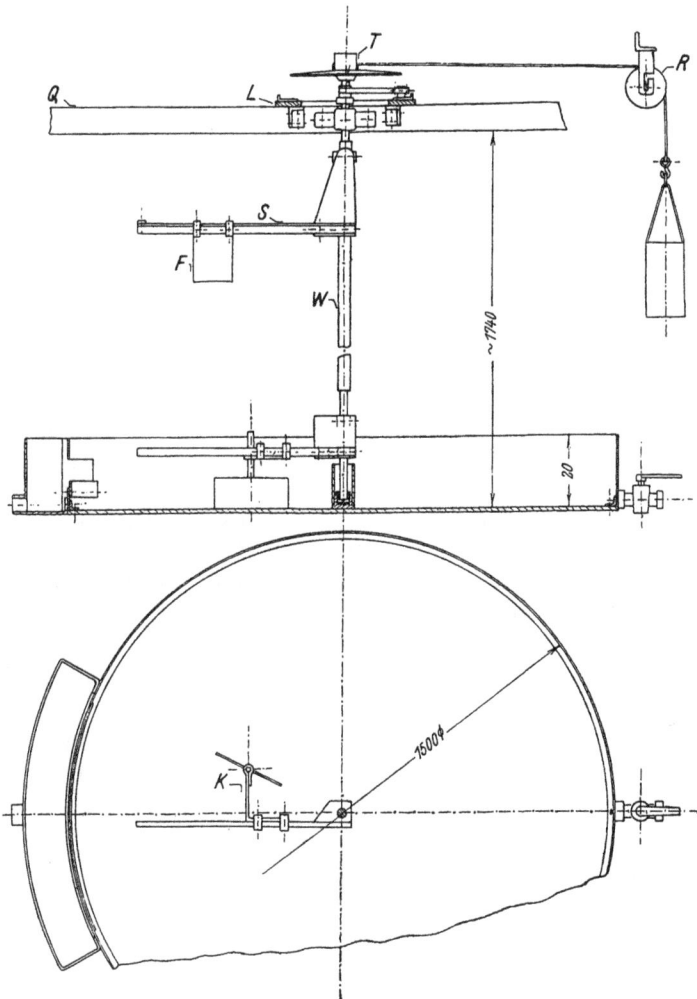

Abb. 2. Versuchsapparat.

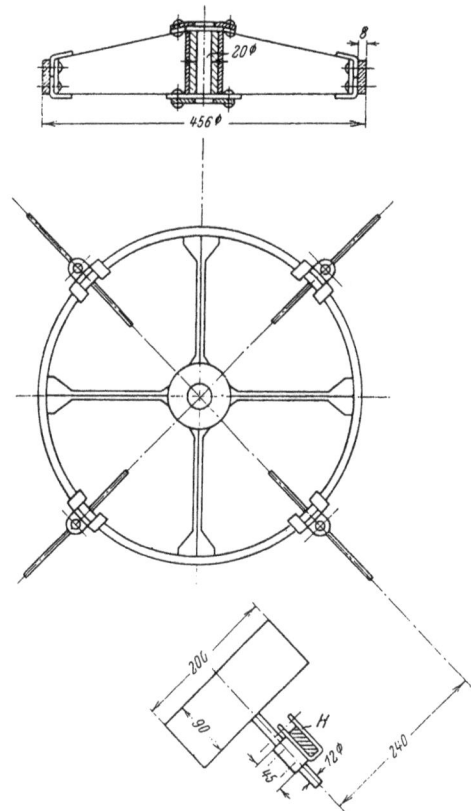

Abb. 3. Schaufelstern.

ringern können, daß man das Trägheitsmoment der rotierenden Masse vergrößert oder Antrieb mittels eines auf konstanter Drehzahl regulierten Motors gewählt hätte. Hiervon wurde aber abgesehen, da die Geschwindigkeitsschwankungen im Zusammenhang mit den in der Strömung auftretenden Wirbelbildungen für den ganzen Vorgang gerade charakteristisch sind. Die allmähliche Steigerung der mittleren Geschwindigkeit tritt dadurch ein, daß das umgebende Wasser allmählich mit in Rotation gerät. Gewicht und Feder zusammen wurden bei der Untersuchung der Anfahrzustände verwendet; bei der Beobachtung von Beharrungszuständen genügte es, das System durch das Gewicht allein in Bewegung zu setzen und darin zu erhalten, da der Beschleunigungsweg auch so noch verhältnismäßig klein gegen den ganzen Versuchsweg ist.

Auf der Welle ist, in der Höhe- und Umfangsrichtung verstellbar, der Arm S angeordnet (siehe Abb. 2), auf dem ein Schlitten F radial verschoben werden kann. Auf diesem wurde zur Aufnahme von Relativstrombildern eine Voigtländer-Kamera mit Anastigmat 1:4,5 und Bildformat 9 × 12 befestigt; bei Aufnahme von Absolutstrombildern wurde die Kamera an verschiedenen, besonders aufgestellten Gerüsten befestigt.

Zur Messung der Drehgeschwindigkeit der Welle ist unter der Trommel T an dem Querträger Q (s. Abb. 2) eine Kontaktscheibe L (s. Abb. 2 und 4) aus Holz befestigt, auf der 32 Kontakte gleichmäßig verteilt sind. Über diese läuft eine mit der Welle festverbundene Feder F (Abb. 4), die durch einen Schleifkontakt G mit dem einen Pol einer Batterie verbunden, sonst aber isoliert ist. Der andere Batteriepol ist über den einen Magneten eines Zeitschreibers mit den Kontakten der Scheibe L verbunden, deren Klemmen so geschaltet sind, daß nach Bedarf alle 32 Kontakte oder weniger den Strom schließen. Auf dem Zeitschreiber werden also pro Umdrehung 32 oder weniger Bewegungsmarken, gleichzeitig aber durch ein Uhrwerk mit besonderem Magneten und Stromkreis pro Sekunde je eine Zeitmarke geschrieben.

Die Kontaktscheibe wird ferner zur Zündung des Blitzlichts bei den Lichtbildaufnahmen verwendet. Dazu wird an der Stelle, an welcher die Aufnahme erfolgen soll, der Kontakt von dem Zeitschreiber-Stromkreis abgeschaltet und mittels einer eigenen Stromquelle über die Kontaktfeder F mit dem in Abb. 6 schematisch dargestellten Relais verbunden. Berührt die Feder den so geschalteten Kontakt, so zieht der Magnet M des Relais den Bügel B an (s. Abb. 6), löst damit die Relaisfeder F aus, und diese verbindet, mittels des Bügels K, die beiden Klemmen A und B, die mit der Starkstromleitung und den beiden Blitzlichtlampen verbunden sind. So erfolgt deren Entzündung und damit die Aufnahme an der gewünschten Stelle.

b) Verfahren zum Sichtbarmachen der Strömung. Die Strömung an der Oberfläche wurde durch aufgestreutes Aluminiumpulver, die im Innern durch eingestreute Papierschnitzel kenntlich gemacht. Letztere sollten namentlich die auftretenden Sekundärströmungen, durch die sich die Bewegung hauptsächlich von einer zweidimensionalen unterscheidet, erkennen lassen. Die Papierschnitzel saugen sich voll Wasser, werden dadurch etwas schwerer als dieses und sinken zunächst zu Boden. Tritt aber Bewegung ein, so werden sie doch aufgewirbelt und folgen der Strömung genügend. Das Aluminiumpulver bleibt an der Oberfläche und bildet dort, weil es fettig ist, sehr bald eine Haut von ziemlich starkem Zusammenhang, so daß zunächst Zweifel bestanden, ob die Teilchen den Bewegungen der Flüssigkeit in der Oberfläche genügend genau folgen. Aus diesem Grunde wurde die Bestreuung von Zeit zu Zeit erneuert. Im übrigen erwies es sich als richtig, eine gewisse Oberflächenhaut zuzulassen; hierüber siehe Abschn. II. Sowohl die mit Aluminium bestreute Oberfläche als auch die in den tiefer liegenden Schichten schwimmenden Papierschnitzel lassen sich gut photographieren. Beide Arten von Auf-

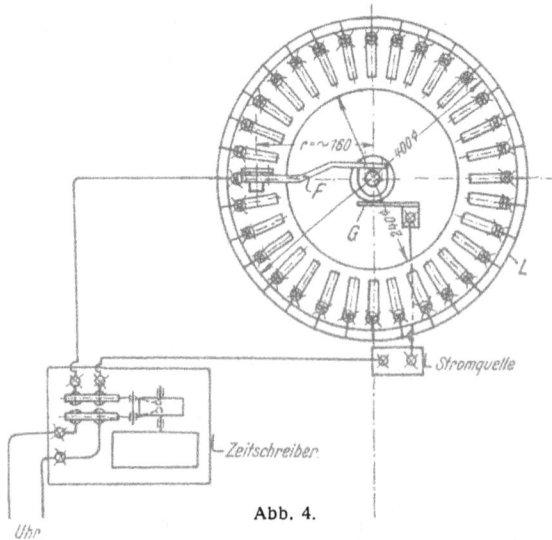

Abb. 4.

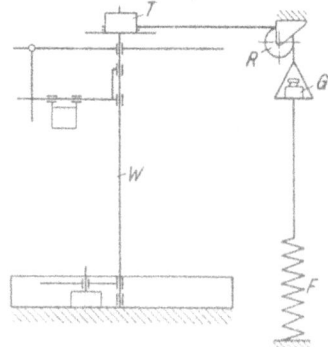

Abb. 5. Antrieb zur Untersuchung des Anfahrzustandes.

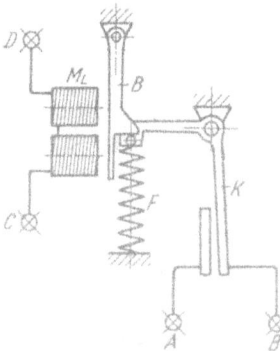

Abb. 6. Relais.

nahmen müssen natürlich jede für sich gemacht werden. Der Boden des Gefäßes ist schwarz gestrichen, damit sich Aluminiumpulver und Papierschnitzel gut abheben.

c) Die Lichtbildaufnahmen. Um die ganze Entwicklung der Strömung festzuhalten, ist es nötig, die Strömung nach einer ganzen Reihe verschiedener zurückgelegter Drehwinkel aufzunehmen, d. h. aber, für jedes aufzunehmende Bild den Apparat besonders und mindestens bis zum Augenblick der Belichtung ablaufen zu lassen. Dies geschieht folgendermaßen: Nachdem sich das Wasser beruhigt hat, wird in dem inzwischen verdunkelten Raum der Verschluß der Kamera geöffnet und durch Auslösen der Arretiervorrichtung der Rotor in Bewegung gesetzt. Ist an der durch die Kontaktscheibe festgehaltenen Stelle die Aufnahme erfolgt, so wird die Kamera geschlossen, die Gewichtsschnur wieder ganz aufgewickelt, das Wasser wieder beruhigt, und der nächste Versuch kann beginnen.

Häufig wurde eine besonders auf dem Rotor befindliche Marke mit aufgenommen. Da deren Geschwindigkeit aus den Angaben des Registrierwerkes bekannt war, konnte einerseits aus dem während der Aufnahme von ihr im Bilde gezogenen Strich, unter Berücksichtigung ihrer eigenen Dimensionen, die Belichtungsdauer festgestellt werden. Damit war es aber andererseits auch möglich, aus der Länge der durch die schwimmenden Aluminium- bzw. Papierteilchen im Bilde entstandenen Striche Strömungsgeschwindigkeiten ungefähr zu bestimmen.

II. Abschnitt.

Die Versuche über den Anfahrzustand.

Die Bildtafeln I bis VII am Schluß der Arbeit enthalten Aufnahmen, die sich über die Zeit vom Bewegungsbeginn bis zum Ablauf von ½ bis 1½ Umdrehungen erstrecken. Sie sind im wesentlichen mit aluminiumbestreuter Oberfläche gemacht; lediglich zur gleichzeitigen Beobachtung der Sekundärströmungen wurden auch Papierschnitzel eingestreut, die aber auf den Bildern kaum sichtbar sind. Mit dem Auge war dagegen deren Bewegung gut zu verfolgen; auf diese Weise wurde festgestellt, daß die Oberflächenbewegung der Aluminiumteilchen gerade dann, wenn die Oberflächenhaut nicht ganz neu war und infolgedessen durch vertikale Sekundärströmungen nicht sofort zerstört wurde, ein gutes Durchschnittsbild der zweidimensionalen Grundbewegung lieferte. Insbesondere ergab sich, daß die in der Bewegung enthaltenen Wirbel tatsächlich mit ihrer Achse bis auf den Boden reichen, und daß deren Lage durch die Oberflächenbilder richtig angegeben wird.

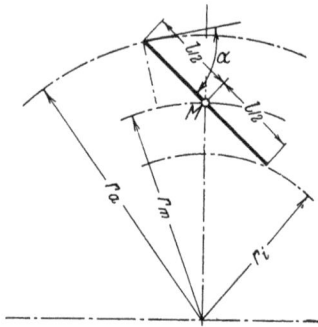

Abb. 7.

Fall	α	l	r_m
a)	90°	20 cm	25 cm
b)	90°	20 cm	24 cm
c)	71°	20 cm	24 cm
d)	90°	20 cm	24 cm

Sämtliche Bilder der Tafeln I bis IV sind mittels der mitumlaufenden Kamera aufgenommen, geben also Relativstromlinienbilder wieder.

Tafel I und II beschreibt die Strömung, die durch Rotation einer einzigen, ebenen, radial gestellten Schaufel hervorgerufen wird. Die Grundrißanordnung zeigt Abb. 7, Anordnung a), die Wassertiefe betrug 7 cm, das Schaufelspiel am Boden 1 mm. Die Dicke der Schaufelbleche betrug 2 mm, die Schaufelkanten waren stumpf. In Abb. 8 sind die Winkelgeschwindigkeiten der Rotordrehung als Funktion des zurückgelegten Drehwinkels aufgetragen.

Unmittelbar nach Bewegungsbeginn bilden sich an beiden Schaufelenden Wirbel; diese entfernen sich relativ zur Schaufel nach hinten, wobei ihre Wirbelstärke ständig zunimmt. In Abb. 9 sind die aus den Bildern entnommenen momentanen, relativen und absoluten Lagen der Wirbelzentren eingetragen und damit auch die relativen und absoluten (wahren) Bahnen der Wirbel dargestellt. Wenn man diese mit den Stromlinien der in Abb. 10 dargestellten zirkulationslosen relativen Verdrängungsströmung einer rotierenden Platte[1]) vergleicht, so erkennt man große Ähnlichkeit der Wirbelbahnen mit den dort die Schaufelenden in nächster Nähe passierenden Stromlinien. Allerdings werden die Wirbelbahnen dadurch, daß die wahre Strömung die großen Geschwindigkeiten an den Kanten gerade vermeidet und infolge des gegenseitigen Einflusses der Wirbel aufeinander, etwas verändert; die allgemeine Tendenz der Stromlinien der zirkulationslosen Verdrängungsströmung ist aber in ausgeprägter Weise vorhanden.

Nachdem die Wirbel einmal gebildet sind, kann man es geradezu als ihre Aufgabe bezeichnen, an den Schaufelenden gegenüber den von der ursprünglichen Verdrängungsströmung erzeugten unendlich hohen Geschwindigkeiten Gegengeschwindigkeiten in dem Maße zu erzeugen, daß die resultierenden Geschwindigkeiten endlich bleiben. Dazu muß aber beim Abwandern der Wirbel ihre Stärke zunehmen. In Abschn. V ist diese Zunahme der Wirbelstärke berechnet, und es zeigt sich, daß nach einer gewissen Wegstrecke die Wirbelstärken sehr stark anwachsen müssen, wenn sie immer

---

[1]) Vgl. z. B. Kucharski, Strömungen einer reibungsfreien Flüssigkeit, S. 132.

a) eine Schaufel α = 90°

c) eine Schaufel α = 71°

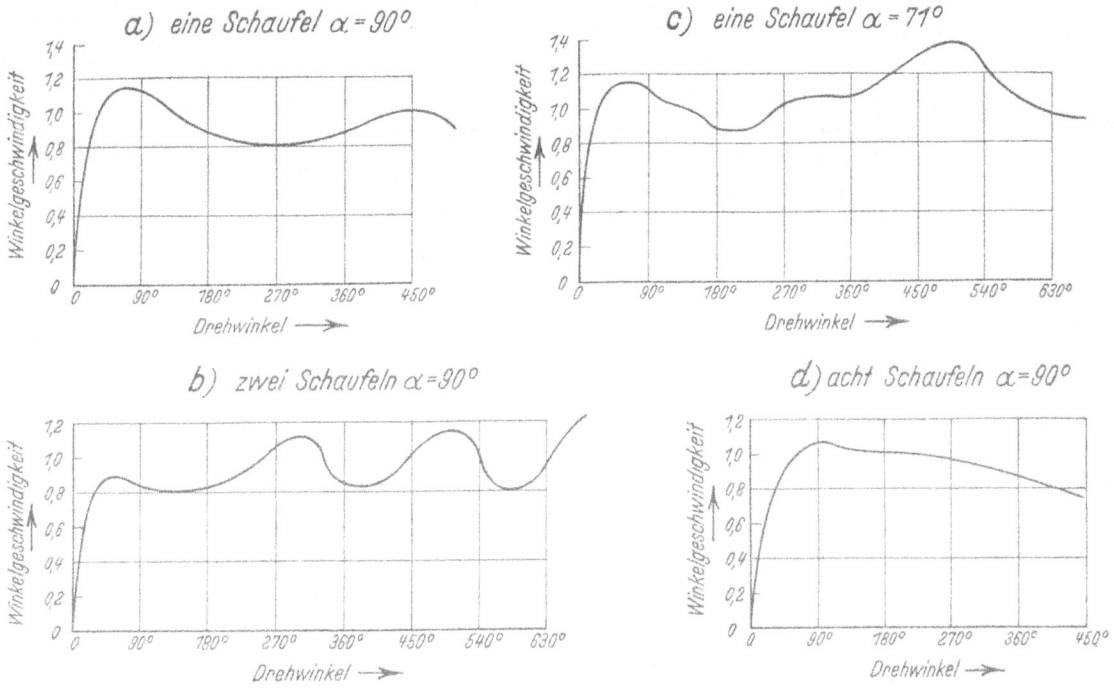

Abb. 8. Geschwindigkeitsverlauf.

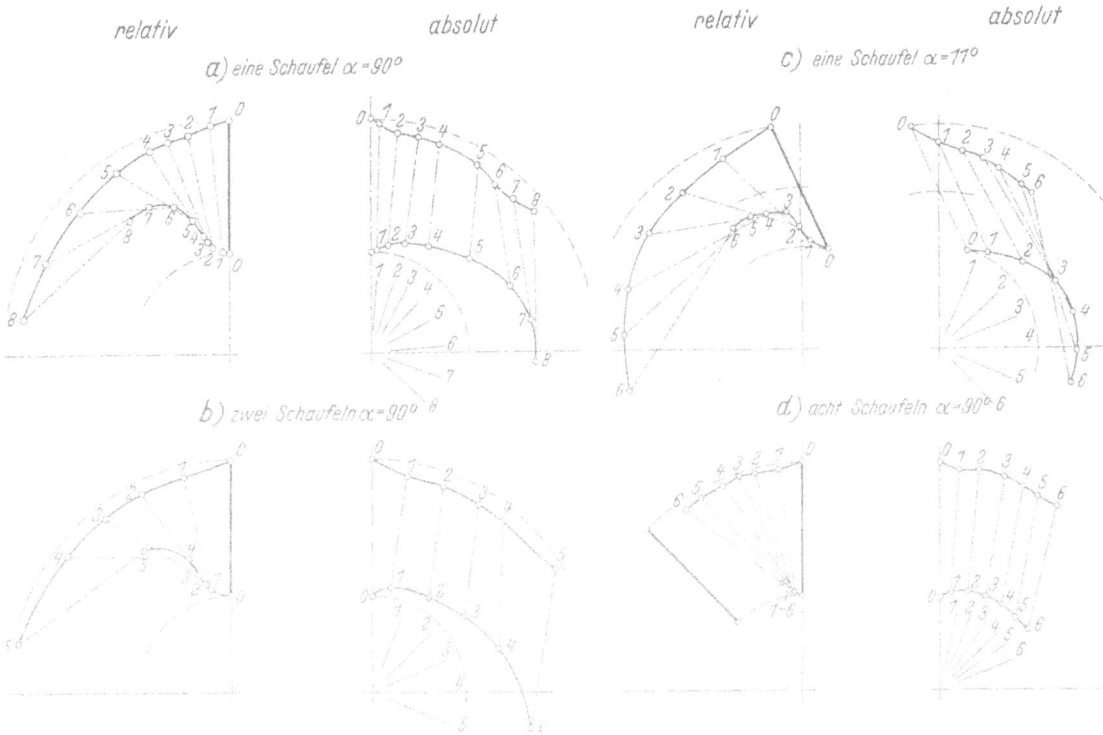

b) zwei Schaufeln α = 90°

d) acht Schaufeln α = 90°

relativ   absolut   relativ   absolut

a) eine Schaufel α = 90°   c) eine Schaufel α = 71°

b) zwei Schaufeln α = 90°   d) acht Schaufeln α = 90°

Abb. 9. Wirbelbahnen.

4*

noch an den Schaufelkanten endliche Geschwindigkeiten herstellen sollen. In der wirklichen Flüssigkeit bilden sich, wenn dieser Zustand erreicht ist, neue Wirbel. Dies tritt zuerst an der äußeren Kante ein, nachdem vorher in deren Umgebung eine Art Totwasser bestanden hat, das selbst mit kleineren Wirbeln aller Art durchsetzt ist. Im Bild I, 7 ist gerade der neue Wirbel an der Außenkante entstanden. Die Bilder I, 8 bis II, 12 zeigen dessen Abwandern und Anwachsen; in Bild II, 13 ist bereits der dritte Wirbel an der Außenkante entstanden; das Spiel wiederholt sich. Ein zweiter Innenwirbel löst sich erst später ab, in Bild II, 10 ist die erste Andeutung eines solchen vorhanden; in II, 11 ist er bereits ausgeprägt sichtbar. In II, 12 bis II, 14 ist sein weiteres Wachsen zu verfolgen.

Die Erscheinung ist das Gegenstück zu der Kármánschen Wirbelstraße hinter einer geradlinig bewegten Platte (s. Abb. 11). In unserem Fall ordnet sich die Wirbelstraße in einer Kurve um den Drehpunkt an. In Abb. 11 ist die Lage der einzelnen Wirbel eingezeichnet; sie entspricht ungefähr dem Zustand, den die Strömung in Tafel II, 14 angenommen hat. Das Wasser bewegt sich relativ in einer mehrfach gewundenen Kurve um den Drehpunkt. Jedoch kann sich diese Wirbelstraße nicht weiter ausbilden, da die Schaufeln immer wieder die Wirbelbahnen kreuzen und dabei

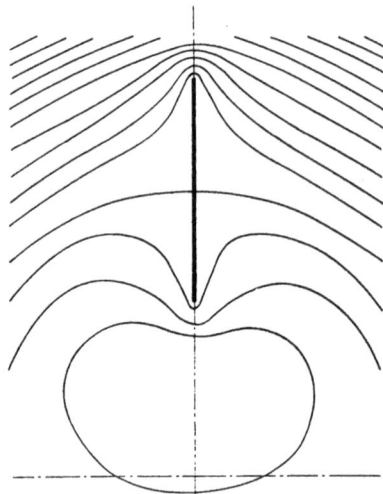

Abb. 10. Relative Verdrängungsströmung.
Für Fall a) eine Schaufel $\alpha = 90°$.

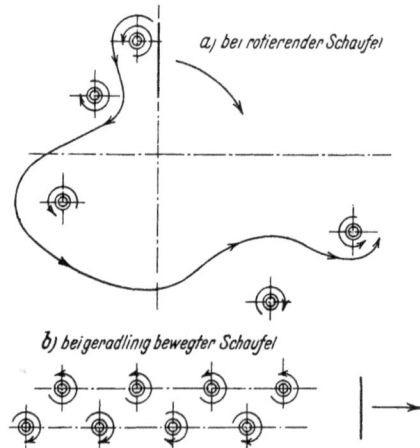

Abb. 11. Wirbelanordnung.
a) Bei rotierender Schaufel,
b) bei geradlinig bewegter Schaufel.

die schon erzeugten Wirbel zerstören. Hierzu kommt noch, daß unter dem Einfluß der Reibung und durch sie ausgelöster Sekundärströmungen die Wirbel allmählich zerstört werden. Die Strömung geht allmählich in den später ausführlich besprochenen Beharrungszustand über, soweit in diesem Falle überhaupt von einem Beharrungszustand gesprochen werden kann.

Tafel III und IV zeigt die Strömung, die von zwei radialen einander diametral gegenüberstehenden Schaufeln erzeugt wird; in Abb. 8b ist die jeweilige Winkelgeschwindigkeit als Funktion des Drehwinkels aufgetragen. Die relativen und absoluten Wirbelbahnen sind wieder den Bildern entnommen und in Abb. 9b aufgetragen. Gegenüber den Strömungsbildern einer Schaufel hat sich im wesentlichen nichts geändert. Die Wirbelbahnen sind durchaus denen für eine Schaufel ähnlich; die Wirbelablösungen erfolgen wenigstens zu Beginn in der oben beschriebenen Weise und nach den gleichen Drehwinkeln. Dies ist auch leicht einzusehen, denn bei Beginn der Rotation beeinflussen sich die Schaufeln noch nicht; später ändert sich das Bild insofern, als die zweite Schaufel in das von der ersten erzeugte Wirbelgebiet hineingerät und die Wirbelgebilde zerstört.

Der Anfahrzustand von acht zur Umfangsrichtung senkrecht stehenden Schaufeln ist in Tafel IV und V dargestellt. Der Geschwindigkeitsverlauf ist aus Abb. 8d zu entnehmen. Die Wirbelbahnen verlaufen auch hier bei 8 Schaufeln (Abb. 9d) wie bei 1 und 2 Schaufeln. Der äußere Wirbel ist allerdings nicht so weit zu verfolgen wie bei dem vorhergehenden Fall, da er nach kurzer Zeit in den Bereich der nachfolgenden Schaufel kommt und dadurch zerstört wird. Der innere Wirbel hat bei 8 Schaufeln eine noch etwas stärkere Tendenz, den Schaufeln nachzueilen. Doch wandert er nicht in so starkem Maße der Schaufelmitte zu, wie es in den beiden ersten Fällen zutrifft. Nach einer Drehung von ungefähr 160⁰ ist schon annähernd der Beharrungszustand erreicht, wie er später beschrieben wird. Strömungsbilder einer unter 70⁰ gegen den Umfang geneigten Schaufel findet man auf Tafel V, VI und VII, den dazu gehörigen Geschwindigkeitsverlauf in Abb. 8c und die relativen und absoluten Wirbelbahnen in Abb. 9c. Die Wirbelbahnen weisen wieder die charakteristischen Merkmale der übrigen Fälle auf. Die Bahn des inneren Wirbels verläuft etwas flacher und schmiegt sich der Schaufelkontur mehr an als bei der radial stehenden Schaufel. Die Bahn des äußeren Wirbels ist etwas mehr gegen den Drehpunkt zu gebogen als bei der radial stehenden Schaufel.

III. Abschnitt.

Die Versuche über den Beharrungszustand.

Die Strömung ist mit wenigen Ausnahmen durch eingestreute Papierschnitzel sichtbar gemacht. Die so gewonnenen Bilder bestätigen, daß sich die Strömung aus einer Grundbewegung, die durch die Oberflächenbilder (vgl. z. B. die Tafelbilder 54, 63, 69, 75, 76) genügend genau beschrieben wird und aus Sekundärströmungen zusammensetzt. An einer beliebigen Stelle in den Papierschnitzelbildern sind übereinanderliegende Strombahnen von sich kreuzenden Richtungen erkennbar.

Wenn die Schaufeln in der Flüssigkeit rotieren, so nehmen sie allmählich auch die außerhalb der Schaufeln liegenden Flüssigkeitsteilchen mit, so daß die Flüssigkeit gleichfalls um den Drehpunkt zu rotieren beginnt. Dies ist aus Tafel X I, 75 zu ersehen, welche uns die Strömung von der ruhenden Kamera aus aufgenommen zeigt (Aluminium-, also Oberflächenbild). Man erkennt, daß die Schaufeln den Flüssigkeitsteilchen gewisse Umfangsgeschwindigkeiten erteilen, die mit zunehmender Entfernung von den Schaufeln immer kleiner werden. Nun sind am Boden des Gefäßes die Geschwindigkeiten infolge der Reibung kleiner als an der Oberfläche. Daher sind die Umfangsgeschwindigkeiten an der Oberfläche größer als in der Nähe des Bodens und damit auch die durch die Rotation hervorgerufenen Zentrifugalkräfte. Der Einfluß des Bodens wird sich also in der Weise äußern, daß an der Wasseroberfläche die Teilchen nach außen und am Gefäßboden nach innen wandern. Es entsteht also eine Sekundärströmung,

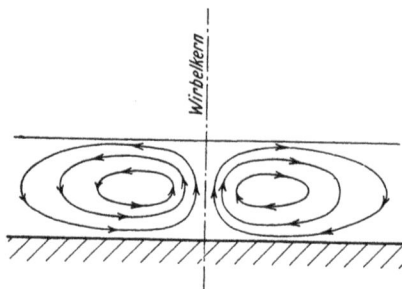

Abb. 12. Sekundärströmung im Wirbelbereich.

die oben die Wasserteilchen vom Drehpunkt fort und unten nach dem Drehpunkt hin befördert. Diese Strömung ist auf allen Bildern, die durch Papierschnitzel sichtbar gemacht wurden, zu erkennen. Aus den gleichen Ursachen kann auch in einzelnen Wirbeln eine Sekundärströmung, wie in Abb. 12 dargestellt, entstehen.

In Abb. 13 sind die Absolut- und Relativstromlinien der aus reiner Radialströmung $c_r = \pm \dfrac{k_r}{r}$ und reiner Drall- (Potentialwirbel) strömung $c_u = \pm \dfrac{k_u}{r}$ resultierenden Quelldrall- bzw. Senkdrallströmung gezeichnet. Man erkennt die große Ähnlichkeit mit dem Absolutbild X II, 79 (Ruhende Kamera) bzw. dem Relativbild X, 71 (Bewegte Kamera). Die Quellströmung in der oberen Hälfte des Wasserinhaltes und die Senkströmung in der unteren müssen in einer mittleren Schicht ineinander übergehen. Die Verteilung der Radialgeschwindigkeiten muß also ungefähr aussehen, wie in Abb. 14 dargestellt. Wenn wir streng getrennte Höhenschichten hätten, über die hinüber die c_r-Komponenten auf jedem Zylinder ähnlich verteilt, nur ihrer Größe nach umgekehrt dem Radius proportional verteilt wären, so müßten unendlich viele logarithmische Spiralen mit von Schicht zu Schicht veränderlichem Steigungswinkel nachweisbar sein. Dadurch aber, daß überall außerhalb eines gewissen Zylinders Wasser aus den oberen Schichten in die unteren und innerhalb eines andern Zylinders überall Wasser umgekehrt aus den unteren in die oberen fließt, ändert sich c_r anders als mit $\dfrac{k_r}{r}$ und außerdem auch die Verteilung von c_r. Der Steigungswinkel muß also in der oberen Schicht nach außen hin immer flacher werden, bis die Spirale in eine solche mit nach innen wieder steigendem Winkel übergeht. Das Umgekehrte tritt in der Nähe des Drehpunktes ein.

In den Lichtbildaufnahmen kann man deutlich zwei Scharen von Stromlinien unterscheiden, einmal die Strömung in der Oberflächenschicht und zum andern die Strömung in der Bodenschicht. Dadurch, daß diese beiden Strömungen einen verhältnismäßig eindeutigen Charakter haben, kann man folgern, daß die Geschwindigkeiten in den einzelnen Schichten an einer Stelle annähernd konstant sind. Der Übergang der steigenden Spiralen in die fallenden Spiralen ist ziemlich scharf. Daraus ist zu schließen, daß sich die Strömungen von der Bodenschicht zur Oberflächenschicht und

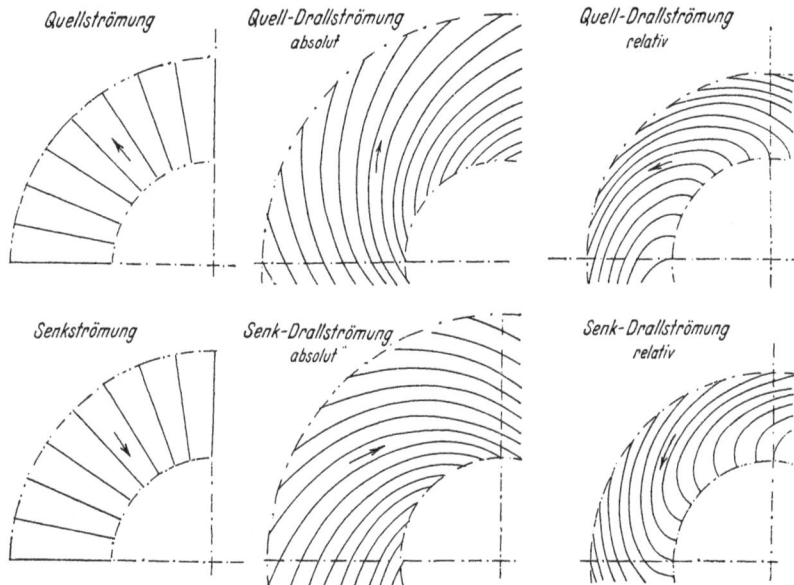

Abb. 13.

umgekehrt auf bestimmte Ringgebiete konzentrieren. In Tafel X, 67 sind für einen Quadranten gerechnete Relativstromlinien eingezeichnet und im inneren Übergangsgebiet durch Schleifen verbunden. Die gezogenen Linien entsprechen der Strömung in der Oberflächenschicht, die gestrichelten der Strömung in der Bodenschicht.

Die beiden Bilder Tafel X, 70 und 71 stellen ungefähr den gleichen Strömungszustand dar, jedoch ist in dem einen Bild die Strömung durch Aluminium, in dem andern durch Papier sichtbar gemacht. In Tafel X, 70 gehen außerhalb der Schaufeln die Stromlinien in Kreise über, in Tafel X, 71 sind an den entsprechenden Stellen die Stromlinien Spiralen von der bereits besprochenen Form. Dies rührt daher, daß das mit Aluminium sichtbar gemachte Strombild diese Sekundärströmung nicht wiedergibt. Diese sucht das Aluminium an der Oberfläche nach außen wegzuschwemmen, jedoch die bereits besprochene Oberflächenhaut verhindert dies. Versucht man den Einfluß der Sekundärströmung auszuschalten und die ideale zweidimensionale Strömung zu erhalten, so könnte man dies dadurch erreichen, daß man sich die Strömung der Oberflächenschicht und die in der Bodenschicht übereinandergelagert denkt. Dann müßte der Einfluß der Sekundärströmung herausfallen. Praktisch kann man dies annähernd erreichen, wenn man die Geschwindigkeiten in den beiden Schichten addiert und die Stromlinien zieht, oder, was ungefähr auf dasselbe herauskommt, in dem Spiralnetz in den entstehenden Kurvenvierecken die Diagonalen. Führt man dies aus, so erhält man in unserm Fall aus Bild Tafel X, 71 ein Bild, welches fast genau mit dem mit Aluminium

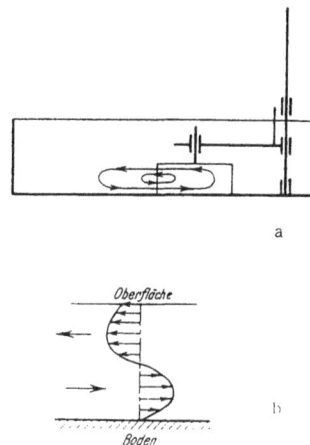

Abb. 14.
a) Verlauf der Sekundärströmung.
b) Schätzungsweiser Verlauf der Radialkomponenten der Geschwindigkeit.

sichtbar gemachten Bild Tafel X, 70 übereinstimmt. Damit finden wir bestätigt, daß das Aluminiumpulver die störende Sekundärströmung vernachlässigt, daß sie aber die zweidimensionale Grundbewegung hinreichend genau wiedergibt.

Die Bilder VII, 54 und 55 zeigen Strombilder einer einzigen radial gerichteten rotierenden Schaufel. In Bild V, 2 ist das Strombild durch Einwerfen von Papier, in Bild VII, 54 das gleiche Strombild durch Aluminiumpulver sichtbar gemacht.

Wie bereits bei der Untersuchung des Anfahrzustandes festgestellt, hat der innere Wirbel die Tendenz, sich möglichst lange in der Nähe der Schaufel zu halten. Beim Anfahren wird der Wirbel immer wieder hinweggeschwemmt. Im Beharrungszustand läuft er jedoch der Schaufel nach und behält relativ zu ihr dauernd die gleiche Lage. Wohl pendelt er um diese bisweilen hin und her, und es kommt ab und zu vor, daß er wegschwimmt und dadurch die Bildung eines neuen Wirbels veranlaßt, der die Rolle des ersten übernimmt. Im Durchschnitt aber ist eine stabile Lage des Wirbels gegen die Schaufel unverkennbar. Auf dem Bild sind noch ein bzw. zwei kleine Wirbel zu erkennen, die z. T. durch die Achse verdeckt werden. Diese rühren davon her, daß in der Mitte des Gefäßes ein zylindrisches Rohr um die Welle gelegt ist. Da dieses Rohr durch die Flüssigkeit umströmt wird, bilden sich kleinere Wirbel aus, die gleichfalls relativ zur Schaufel eine stabile Lage annehmen.

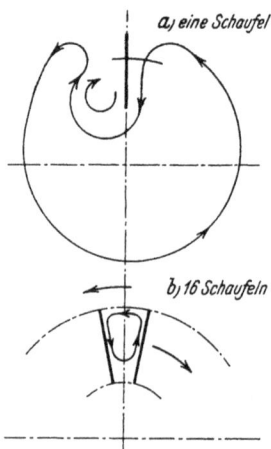

Abb. 15. Relativstrombild.

Außer diesen Wirbeln ist noch eine andere relative Bewegung zu beobachten, und zwar strömt das Wasser, wie es in Abb. 15 schematisch dargestellt ist, d. h. relativ in größerer Entfernung vom Drehpunkt entgegengesetzt zur Drehrichtung, in Drehpunktnähe in der Drehrichtung, auf der Schaufelvorderseite nach innen, auf der Schaufelrückseite nach außen. Diese Strömung ist nichts anderes als der neuerdings so bezeichnete „relative Kanalwirbel". Es ist ja bekannt, daß eine ähnliche Bewegung entsteht, wenn man sich einen abgeschlossenen Schaufelraum in Rotation versetzt denkt. Die Wasserteilchen, die infolge ihrer Trägheit im absoluten Raum in Ruhe bleiben, beschreiben relativ zum bewegten System ähnliche Bahnen wie in Abb. 15b dargestellt.

Eine rotierende schräggestellte Schaufel zeigt Bild VII, 56. Der hinter der Schaufel mitlaufende Wirbel ist wieder zu erkennen, auch die vorhin beschriebene Umströmung ist festzustellen, wenn man den Anteil der Sekundärströmung von der übrigen Strömung trennt. Die Stromlinien verlaufen gegen den vorigen Fall etwas verzerrt.

Den Fall zweier Schaufeln zeigen die Bilder VIII und IX. Hinter jeder Schaufel bildet sich wieder ein mit umlaufender Wirbel aus. Der relative Kanalwirbel ist auch hier zu erkennen; auf den Aluminiumbildern tritt er sofort in Erscheinung, während er auf den andern Bildern infolge der Sekundärströmung nicht so leicht zu erkennen, aber in genau derselben Weise vorhanden ist. Ein Absolutbild für zwei Schaufeln zeigt Tafel VIII, 61; man erkennt auch hier die hinter den Schaufeln sich ausbildenden und mitlaufenden Wirbel, der eine ist durch die Welle zum großen Teil verdeckt.

Tafel IX gibt die Strombilder von 4 radialen Schaufeln wieder, während in den Bildern der Tafel X die 4 Schaufeln gegen die Umfangsrichtung geneigt sind. Bei den radialen Schaufeln beobachtet man noch deutlich hinter jeder Schaufel die charakteristischen nachlaufenden Wirbel, bei den schiefgestellten Schaufeln wird diese Erscheinung wesentlich undeutlicher. Dagegen ist in beiden Fällen zwischen den 2 Schaufeln der relative Kanalwirbel zu erkennen.

Bei 8 und 16 Schaufeln ist das Bild gegenüber den vorhergehenden verändert (Tafel X bis XII). Die großen mitlaufenden Wirbel sind verschwunden und an ihre Stelle häufig kleinere Wirbel getreten, die ab und zu von den Schaufelenden abschwimmen. Ferner bildet sich in vielen Fällen eine Strömung um irgendeinen absolut gegen das Gefäß festliegenden Punkt aus. Man betrachte z. B. das Absolutbild XII, 79. In der mit dem Pfeil bezeichneten Stelle A liegt das Zentrum einer solchen Drehströmung.

In den Relativbildern ist das Drehzentrum meistens durch Anhäufung von Papier zu erkennen. Man vgl. Bild XI, 73. Die Papierschnitzel bewegen sich hauptsächlich innerhalb eines deutlich sichtbaren und verhältnismäßig scharfbegrenzten Bereiches, der durch einen Kreis ersetzt werden kann und in dessen Mitte das Drehzentrum liegt. Außerhalb dieses Bereiches sind die Geschwindigkeiten der Strömung verhältnismäßig klein und vermögen das Herabsinken des Papieres zum Boden nicht zu verhindern. Von dort wird es aber durch Sekundärströmung wieder in das Bewegungszentrum zurückgeführt.

Es zeigt sich also, daß der Mittelpunkt der Bewegung in vielen Fällen nicht im Wellenmittel liegt. Die Sekundärströmung läuft in diesem Punkt zusammen bzw. auseinander. In der Nähe dieses Punktes finden an den Schaufeln die meisten Wirbelablösungen statt. Da er nicht mit den Schaufeln umläuft, ist der Zustand zwischen den einzelnen Schaufeln nicht vollkommen, sondern nur periodisch stationär. Zwischen den einzelnen Schaufeln bildet sich wieder der sog. relative Kanalwirbel aus. In den mit Aluminiumpulver sichtbar gemachten Strombildern ist dies deutlich zu erkennen, in den mit Papier sichtbar gemachten ist der Einfluß der Sekundärströmung zu eliminieren, um diese Strömung im „Schaufelkanal" festzustellen. Infolge des exzentrisch liegenden Mittelpunktes der Strömung und sonstiger Unregelmäßigkeiten findet häufig ein Durchströmen einiger Kanalzellen in verschiedener Richtung statt (vgl. Tafel X, 71). Dies ist hauptsächlich bei radialen Schaufeln der Fall. Schaufeln, die unter einem gewissen Winkel gegen die Umfangsrichtung geneigt sind, bieten einen viel größeren Widerstand gegen das Durchströmen von innen nach außen, so daß der Strömungszustand in diesen Fällen ein viel stabilerer ist. Drehpunkt und Mittelpunkt der Bewegung fallen hierbei in der Regel zusammen.

B. Theoretischer Teil.

IV. Abschnitt.
Allgemeines über die Rechenmethoden.

(Vgl. den ersten Aufsatz dieses Heftes.)

Die Schaufeln sind als Schlitze in der ζ- bzw. w-Ebene (Verzweigungsschnitte in der n-blättrigen ζ- bzw. w-Ebene) aufgefaßt und auf einen Kreis um den Nullpunkt der z-Ebene abgebildet. Durchgeführt ist die Rechnung für den Anfahrzustand mit einer radialen und für den Beharrungszustand mit zwei radialen Schaufeln.

Als Grundströmung ist in allen Fällen die theoretische, zirkulationslose Verdrängungsströmung angesetzt, die an der inneren und äußeren Schaufelkante unendlich hohe Umströmungsgeschwindigkeiten liefert. Diese Strömung ist bereits in Abschn. II bei der Besprechung der Wirbelbahnen erwähnt und für eine radiale Schaufel in Abb. 10 gezeichnet. Durch Überlagern zweier Zirkulationen (oder Wirbelstärken) um gewisse „Zirkulationskerne“ oder „Wirbelpunkte“ werden die unendlich hohen Geschwindig-

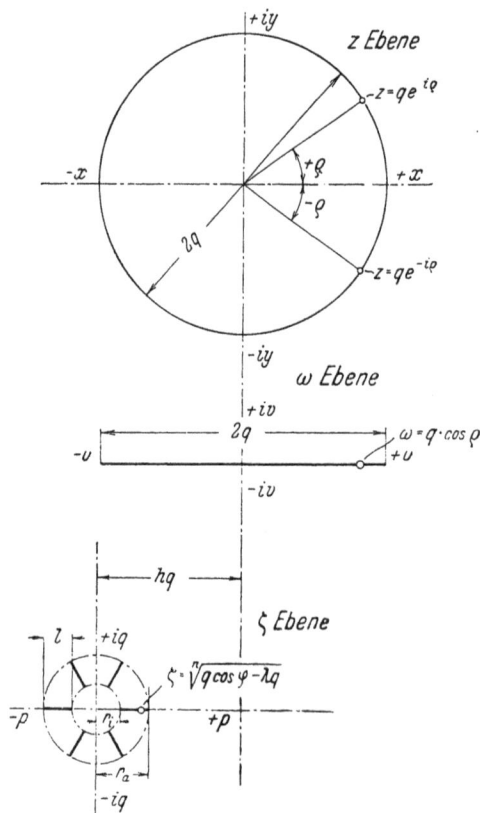
Abb. 16.

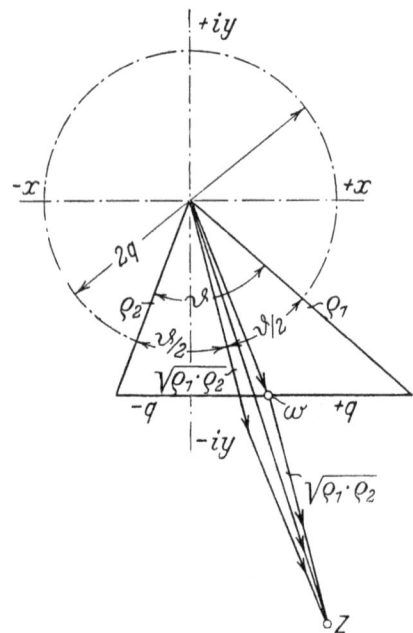
Abb. 17. Bestimmung von Punkten der
z-Ebene aus Punkten der w-Ebene.

keiten an den Schaufelenden beseitigt, also dort endliche (und relativ tangentiale) Geschwindigkeiten hergestellt. Die Lage der Wirbelpunkte in der Flüssigkeit ist den Bildern entnommen; dann bleiben nur noch die Wirbelstärken zu bestimmen, wofür die beiden Bedingungsgleichungen für die Geschwindigkeiten an den Schaufelenden zur Verfügung stehen. Um die Schaufel selbst ergibt sich dann eine Zirkulation von solcher Größe und solchem Drehsinn, daß die Gesamtzirkulation in einer Kurve, welche die Schaufel und die beiden Wirbelkerne umschlingt, gleich Null ist.

In den Rechnungen zum Beharrungszustand tritt an Stelle der Zirkulation um einen in der Flüssigkeit orientierten Wirbelpunkt eine Zirkulation um die Schaufel selbst. Die Zirkulation in einer Schaufel und Wirbelzentrum umschlingenden Kurve ist jetzt von Null verschieden.

Die Wirbel in der Flüssigkeit sind als Potentialwirbel betrachtet.

Die allgemeine Abbildungsfunktion, die n radial gestellte Schaufeln der ζ-Ebene auf den Kreis in der z-Ebene abbildet, ist durch die Aufeinanderfolge der 2 Gleichungen

$$\zeta = \sqrt[n]{w + \lambda q} \; ; \; w = \frac{1}{2}\left(z + \frac{q^2}{z}\right) \quad \dots \dots \dots \dots \dots \dots \; 1)$$

gegeben; sie wird durch die Abb. 16 erläutert. Zwischen den Größen des Schaufelsterns und den Konstanten λ und q bestehen folgende Beziehungen[1]) (s. Abb. 16):

$$\left.\begin{array}{l} \dfrac{r_a}{r_i} = \sqrt[n]{\dfrac{\lambda + 1}{\lambda - 1}} = \mu ; \quad q = \dfrac{l^n}{2} \cdot \dfrac{\mu^n - 1}{(\mu - 1)^n} \\[2mm] l = \sqrt[n]{q}\left\{\sqrt[n]{\lambda + 1} - \sqrt[n]{\lambda - 1}\right\} \end{array}\right\} \quad \dots \dots \dots \dots \; 2)$$

Die Umkehrung der Formeln (1) liefert

$$w = \zeta^n - \lambda q ; \quad z = w \pm \sqrt{w + q} \cdot \sqrt{w - q} \quad \dots \dots \dots \dots \; 1a)$$

Diese Formeln gestatten, zu Punkten der ζ-Ebene die entsprechenden der w-Ebene und zu diesen wieder die der z-Ebene zu ermitteln. Für die Beziehung zwischen z und w ergibt sich eine einfache graphische Konstruktion, die aus Abb. 17 ersichtlich ist; sie gründet sich auf die Darstellung komplexer Zahlen als Vektoren in der x-, y-Ebene.

---

[1]) Vgl. auch Spannhake: „Anwendung der konformen Abbildung auf die Berechnung von Strömungen in Kreiselrädern". Hydraulische Probleme, VDI-Verlag 1926.

Theoretisches über den Anfahrzustand.

Den folgenden Rechnungen ist die aus den Aufnahmen als Mittelbild entnommene Abb. 9a zugrundegelegt, welche die verschiedenen Lagen des inneren und äußeren Wirbels bei Rotation einer radialen Schaufel wiedergibt. In diesen Lagen sind Potentialwirbel angenommen und ihre Wirbelstärken so bestimmt, daß sie im Zusammenwirken mit der zirkulationslosen Verdrängungsströmung am inneren und äußeren Schaufelende in jeder Lage endliche Geschwindigkeiten liefern. Die Rechnung verläuft in folgender Weise. Ermittelt wird zunächst die momentane Verteilung der Absolutgeschwindigkeiten, die ein momentanes Absolutstromlinienbild liefert, das ebenso wie das Relativbild mit der Schaufel umläuft. Die Schaufel wird auf einen Kreis der z-Ebene um deren Nullpunkt mit dem Radius q so abgebildet, daß den Schaufelenden die Kreispunkte $z = \pm q$ entsprechen (s. Abb. 16, Abbildungsfunktion Gl. (1)). Die Wirbelpunkte der Strömungsebene (ζ-Ebene) mögen sich dann in den Punkten z_a und z_i abbilden (Übertragung in die z-Ebene nach Abb. 17). In diesen Punkten werden Wirbel mit den Stärken ξ_a und ξ_i (m²/s) angesetzt. Damit der Kreis Stromlinie wird, müssen in den Spiegelbildern die Wirbelpunkte, also in den Punkten $\frac{1}{z_a}$ und $\frac{1}{z_i}$ entgegengesetzt drehende Wirbel angesetzt werden. Das komplexe Strömungspotential der Wirbel der z-Ebene heißt dann

$$\Phi_r = \frac{i}{2\pi}\xi_a\left\{\ln(z-z_a)-\ln\left(z-\frac{q^2}{\overline{z}_a}\right)\right\}+\frac{i\,\xi_i}{2\pi}\left\{-\ln(z-z_i)+\ln\left(z-\frac{q^2}{\overline{z}_i}\right)\right\} \quad \ldots \quad 3)$$

$$z_a = x_a + i\,y_a;\ \overline{z}_a = x_a - i\,y_a;\ i = \sqrt{-1}$$
$$z_i = x_i + i\,y_i;\ \overline{z}_i = x_i - i\,y_i.$$

Durch Differenzieren findet man die „komplexe Geschwindigkeit" $c = \dfrac{d\Phi}{dz} = c_x - i\,c_y$. Bezeichnet man die in den Endpunkten des Durchmessers $z = \pm q$ von dem Bild des äußeren bzw. inneren Wirbels hervorgerufenen Geschwindigkeiten mit $c_{a,+q}$ und $c_{a,-q}$ bzw. mit $c_{i,+q}$ und $c_{i,-q}$, so folgt

$$\left.\begin{array}{l}c_{a,+q} = -\dfrac{i\cdot\xi_a}{2\pi q}\cdot\dfrac{r_a{}^2-q^2}{r_a{}^2-2x_a\cdot q+q^2}\\[2ex]\phantom{c_{a,+q}} = \dfrac{i\,\xi_a}{2\pi\cdot q}\cdot c'_{a,+q}\end{array}\right\} \quad \ldots\ldots\ldots\ldots \quad 4)$$

und entsprechenden Formeln für die andern Geschwindigkeiten, die man wie die erste in der Form

$$c_{a,-q} = \frac{i\,\xi_a}{2\pi q}\cdot c'_{a,-q} \quad \ldots\ldots\ldots\ldots\ldots \quad 5)$$

$$c_{i,+q} = \frac{i\,\xi_i}{2\pi q}\cdot c'_{i,+q} \quad \ldots\ldots\ldots\ldots\ldots \quad 6)$$

$$c_{i,-q} = \frac{i\cdot\xi_i}{2\pi q}\cdot c'_{i,-q} \quad \ldots\ldots\ldots\ldots\ldots \quad 7)$$

schreiben kann. Die c'-Werte ergeben sich aus den Abmessungen des Strömungsbildes. In Tabelle 1 sind die c'-Werte für die Lagen 1 bis 8 der Wirbel in Abb. 9 zusammengestellt.

Tabelle 1.

Nr. der Wirbellagen	$c'_{a,+q}$	$c'_{a,-q}$	$c'_{i,+q}$	$c'_{i,-q}$
1	— 1,60	0,25	0,16	— 2,68
2	— 1,19	0,41	0,24	— 1,68
3	— 1,06	0,55	0,26	— 1,37
4	— 1,00	0,66	0,27	— 1,107
5	— 0,91	0,82	0,34	— 0,84
6	— 0,87	0,97	0,55	— 0,79
7	— 0,85	1,06	0,69	— 0,88
8	— 0,85	1,11	0,74	— 0,97

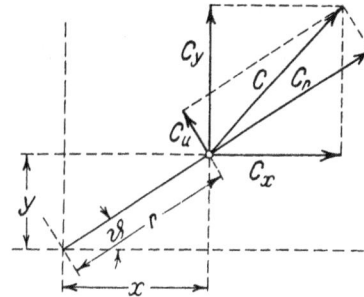

Abb. 18.

Die zirkulationslose Verdrängungsströmung hat das komplexe Potential

$$\Phi = - i \cdot \omega \left\{ \frac{\lambda \cdot q^3}{z} + \frac{q^4}{4\,z^2} \right\} \quad \ldots \ldots \ldots \ldots \quad 8)$$

Von der Richtigkeit dieses Ansatzes überzeugt man sich in folgender Weise: Statt der x- und y-Komponenten von c führt man in einem Polarkoordinatensystem r, ϑ (s. Abb. 18) die Radial- und Umfangskomponenten c_r und c_u ein und findet für die „komplexe Geschwindigkeit" c auch

$$c = \frac{d\Phi}{dz} = (c_r - i\,c_u)\,e^{-i\vartheta} \quad \ldots \ldots \ldots \ldots \quad 9)$$

Dies liefert hier

$$(c_r - i\,c_u)\,e^{-i\vartheta} = + i\,\omega \left\{ \frac{\lambda\,q^3}{z^2} + \frac{q^4}{2\,z^3} \right\} \quad \ldots \ldots \ldots \ldots \quad 10)$$

Setzt man für z die Werte auf der Kreisperipherie $z = q \cdot e^{i\vartheta}$ ein, so folgt

$$(c_r - i\,c_u)\,e^{-i\vartheta} = + i\,\omega \left\{ \lambda\,q\,e^{-2i\vartheta} + \frac{q \cdot e^{-3i\vartheta}}{2} \right\}.$$

Daraus wird

$$c_r - i\,c_u = \omega \left\{ i\,(\lambda\,q\cos\vartheta + \frac{q}{2}\cos 2\vartheta) + \lambda\,q\sin\vartheta + \frac{q}{2}\cdot\sin 2\vartheta \right\},$$

also

$$c_r = \omega \left\{ \lambda\,q\sin\vartheta + \frac{q}{2}\sin 2\vartheta \right\} = \omega\sin\vartheta \left\{ \lambda\,q + q\cos\vartheta \right\} \quad \ldots \ldots \quad 11)$$

Aus diesen Normalgeschwindigkeiten am Kreise erhält man die Normalgeschwindigkeiten v_n an der Schaufel durch Multiplikation mit dem Absolutwert der Ableitung $\frac{dz}{d\zeta}$ der Abbildungsfunktion oder mit $\dfrac{1}{\left|\dfrac{d\zeta}{dz}\right|}$. Nun ist $\dfrac{d\zeta}{dz} = \dfrac{1}{2}\left(1 - \dfrac{q^2}{z^2}\right)$.

Setzt man auch hierin $z = q\,e^{i\vartheta}$, so kommt

$$\frac{d\zeta}{dz} = \frac{1}{2}\,(1 - e^{-2i\vartheta}) = \frac{1}{2}\,(1 - \cos 2\vartheta + i\sin 2\vartheta).$$

Der Absolutwert ist

$$\left| \frac{d\zeta}{dz} \right| = \frac{1}{2}\sqrt{1 - 2\cos 2\vartheta + \cos^2 2\vartheta + \sin^2 2\vartheta}$$

$$= \frac{1}{2}\sqrt{2\,(1 - \cos 2\vartheta)} = \frac{1}{2}\sqrt{4\sin^2\vartheta} = \sin\vartheta \quad \ldots \ldots \quad 12)$$

Damit wird

$$v_n = \omega\,q\,(\lambda + \cos\vartheta) \quad \ldots \ldots \ldots \ldots \quad 13)$$

Dies stimmt aber tatsächlich mit den Normalgeschwindigkeiten an der radialen Schaufel in deren Punkten $r = \lambda q + q \cos \vartheta$, die ja den Kreispunkten $z = q_2 e^{i \vartheta}$ entsprechen, überein. Das komplexe Potential Φ_v (Gl. 8) in der z-Ebene liefert komplexe Geschwindigkeiten an den Endpunkten des Durchmessers $z = \pm q$, die man durch Einsetzen von $z = \pm q$ in Gl. (10) zu

$$c_{\pm q} = i \, \omega \, q \left(\lambda \pm \frac{1}{2} \right) \quad \ldots \ldots \ldots \ldots \quad 14)$$

erhält. Nun muß an den Stellen $z = \pm q$ die aus Wirbelströmung und zirkulationsloser Verdrängungsströmung resultierende Geschwindigkeit $=$ Null sein, damit nach vollzogenem Übergang in die ζ-Ebene an den entsprechenden Punkten, nämlich den Schaufelenden, die Geschwindigkeit endlich bleibt. Denn der Faktor $\dfrac{1}{\dfrac{d \zeta}{d z}}$ wird für $z = \pm q$ unendlich groß. Dies liefert die beiden Gleichungen

$$c_{a,+q} + c_{i,+q} + c_{+q} = 0;$$
$$c_{a,-q} + c_{i,-q} + c_{-q} = 0;$$

oder

$$\frac{i}{2 \pi q} \left\{ \xi_a \, c'_{a,+q} + \xi_i \, c'_{i,+q} \right\} + i \, \omega \, q \left\{ \lambda + \frac{1}{2} \right\} = 0$$

$$\frac{i}{2 \pi q} \left\{ \xi_a \, c'_{a,-q} + \xi_i \, c'_{i,-q} \right\} + i \, \omega \, q \left\{ \lambda - \frac{1}{2} \right\} = 0.$$

Hieraus sind ξ_a und ξ_i zu berechnen. Es ergibt sich:

$$\xi_a = + \, 2 \, \pi \, \omega \cdot q^2 \left\{ \dfrac{\left(\lambda + \frac{1}{2} \right) c'_{i,-q} - \left(\lambda - \frac{1}{2} \right) c'_{i,+q}}{\begin{vmatrix} c'_{i,+q} & c'_{i,-q} \\ c'_{a,+q} & c'_{a,-q} \end{vmatrix}} \right\} \quad \ldots \ldots \ldots \quad 17)$$

$$\xi_i = - \, 2 \, \pi \, \omega \cdot q^2 \left\{ \dfrac{\left(\lambda + \frac{1}{2} \right) c'_{a,-q} - \left(\lambda - \frac{1}{2} \right) c'_{a,+q}}{\begin{vmatrix} c'_{i,+q} & c'_{i,-q} \\ c'_{a,+q} & c'_{a,-q} \end{vmatrix}} \right\} \quad \ldots \ldots \ldots \quad 18)$$

Mit dem Wert $\lambda = 2,5$ welcher der gewählten Anordnung entspricht, wurden die Werte $\dfrac{\xi}{2 \pi \omega q^2}$ für die verschiedenen Lagen der Wirbel zur Schaufel errechnet. Diese Werte gelten sofort auch für die ζ-Ebene, da die konforme Abbildung die Zirkulationen um die einander entsprechenden Wirbelpunkte unverändert läßt. In Tabelle 2 sind die Werte zusammengestellt und in Abb. 19 der Verlauf der Wirbelstärke über dem Drehweg der Schaufel aufgetragen.

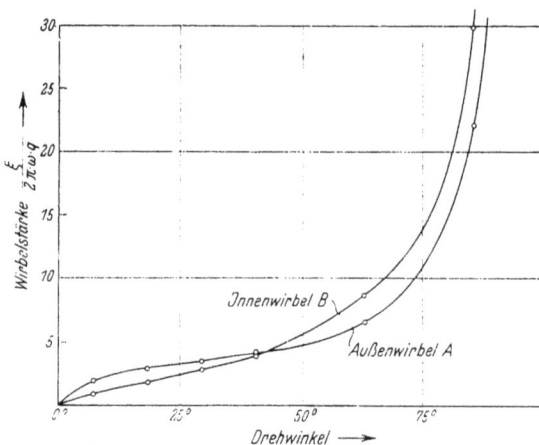

Abb. 19. Verlauf der Wirbelstärke.

Tabelle 2.

Nr. der Wirbellagen	Drehweg der Schaufel	$\dfrac{\xi_a}{2 \pi \omega q^2}$	$\dfrac{\xi_i}{2 \pi \omega q^2}$
1	$7^{1}/_{4}{}^{0}$	1,90	0,93
2	$18^{1}/_{2}{}^{0}$	2,90	1,90
3	$29^{1}/_{4}{}^{0}$	3,55	2,87
4	41^{0}	4,17	4,27
5	$63,5^{0}$	6,25	8,72
6	86^{0}	22,20	29,80
7	108^{0}	169,00	205,00
8	131^{0}	1410	1660,00

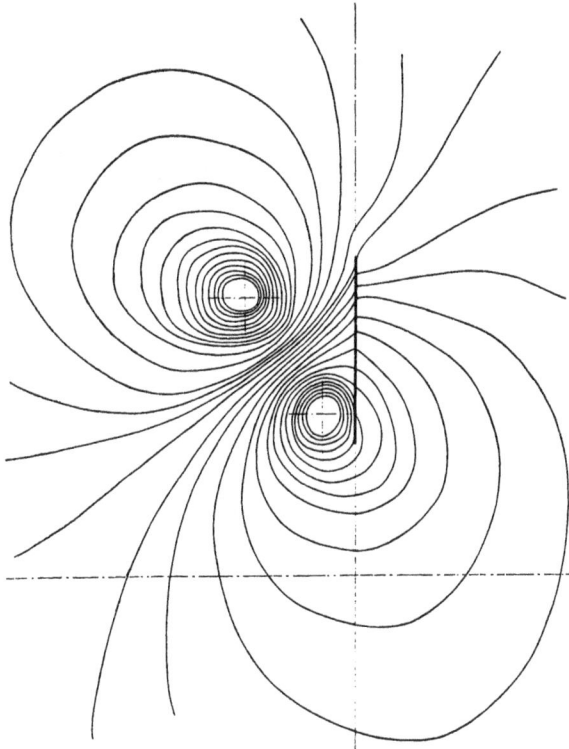

Abb. 20. Absolutstrombild im Anfahrzustand.

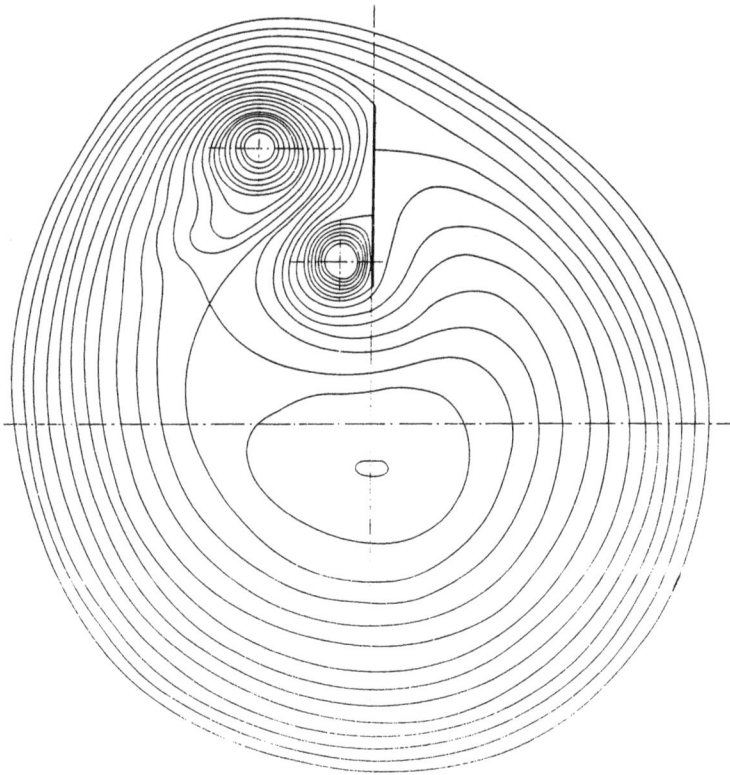

Abb. 21. Relativstrombild im Anfahrzustand.

Beide Wirbelstärken steigen von etwa 80⁰ Drehweg ab außerordentlich stark an. Man kann natürlich auf Grund der angestellten Rechnung nicht entscheiden, ob sie rechnungsgemäß an einer bestimmten Stelle ins Unendliche wachsen. Praktisch lösen sich zu einer Zeit, wo beide Wirbelstärken dem Aussehen der Abb. 19 nach sehr stark anwachsen, neue Wirbel an den Schaufelenden ab. Die Frage, warum dies zuerst an dem äußeren Ende eintritt, obwohl in dem betreffenden Augenblick die errechnete Stärke des äußeren Wirbels geringer ist als die des innern, bleibt unbeantwortet. Die Möglichkeit, daß das in der Kurve der Abb. 19 zum Ausdruck kommende Rechnungsergebnis durch Ungenauigkeiten im Abgreifen der Wirbelzentren aus den Bildern beeinflußt ist, besteht natürlich.

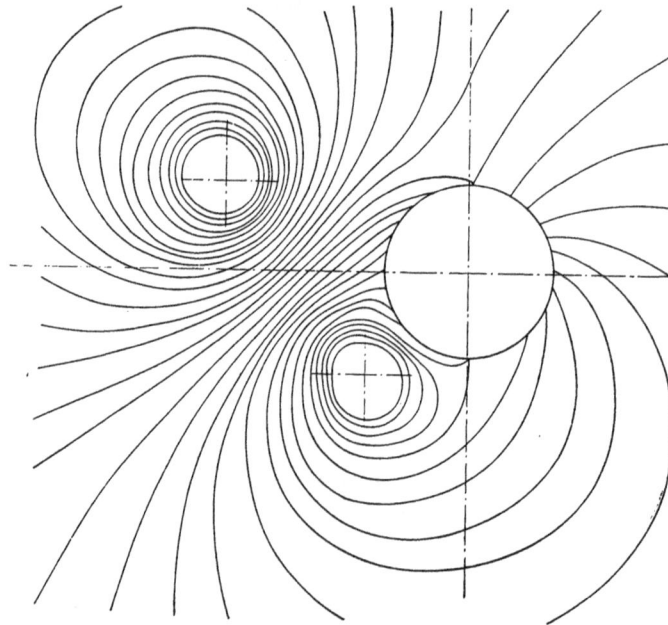

Abb. 22. Stromlinienbild in der z-Ebene im Anfahrzustand.

Die ganze Frage kann, da das eigentliche Entstehen der Wirbel durch die angestellten Rechnungen nicht erfaßt wird, durch sie auch nicht restlos geklärt werden. Der Versuch einer Bestimmung der Wirbelbahnen und -stärken nach den Helmholtz'schen Sätzen würde eine weitere Klärung bringen, er liegt außerhalb des Rahmens dieser Arbeit.

Die Abb. 20 und 21 zeigen das absolute und relative Stromlinienbild, das durch Übereinanderlagern der zirkulationslosen Verdrängungsströmung und der Wirbelpaarströmung entsteht, sie entsprechen dem aufgenommenen Bild I, 4, mit dem das gezeichnete Relativbild eine beachtenswerte Übereinstimmung zeigt. Gezeichnet sind die theoretischen Bilder nach der bekannten Maxwellschen Methode. Abb. 22 ist die konforme Abbildung des absoluten Strombildes auf die z-Ebene, in der die Schaufel auf den Kreisumfang abgebildet ist.

VI. Abschnitt.
Theoretisches zum Beharrungszustand.

a) Die mittlere zweidimensionale Strömung. Hier erhält man Übereinstimmung mit den Strömungsbildern, wenn man der zirkulationslosen Verdrängungsströmung eine Zirkulation um die Schaufel und eine zweite um einen Wirbelkern überlagert, dessen Lage relativ zur Schaufel aus den Bildern entnommen wird. Die beiden Zirkulationen werden wieder so bestimmt, daß an

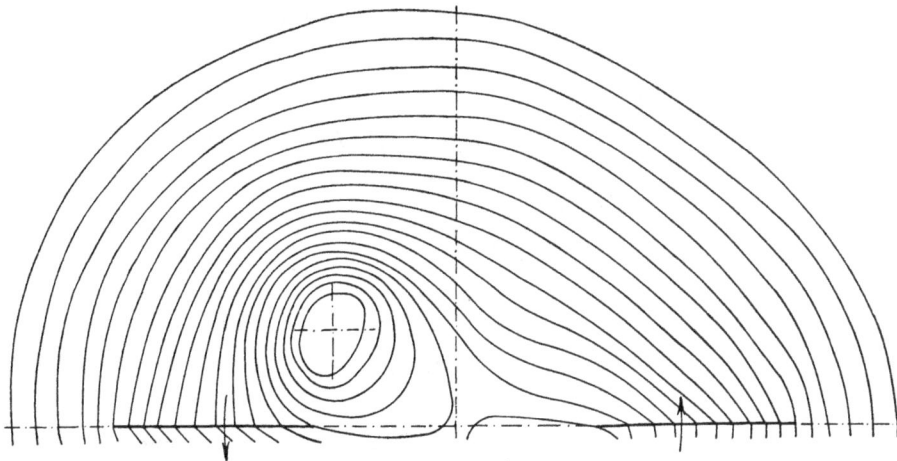

Abb. 23.

den Schaufelenden endliche Geschwindigkeiten zustande kommen. Bei radialen und wenig gegen den Radius geneigten Schaufeln, sowie bei Schaufelzahlen bis zu 4 erhält man gute Übereinstimmung, wenn man jeder Schaufel einen besonderen Wirbel zuordnet. Bei stark geneigten Schaufeln und bei Schaufelzahlen über 4 erweist es sich als richtig, alle diese Wirbel im Wellenmittel zu vereinigen und dort eine einzige, den Zirkulationen um die einzelnen Schaufeln entgegengesetzt drehende anzuordnen.

Das für 2 radiale Schaufeln errechnete Absolutstrombild ist in Abb. 23, das entsprechende Relativbild in Abb. 24 gegeben. Abb. 25 ist die konforme Abbildung des Absolutstrombildes auf die z-Ebene, in der die beiden Schaufeln auf den Umfang eines Kreises abgebildet sind.

Die Übereinstimmung der Strombilder mit der aus den Aufnahmen herausgeschälten zweidimensionalen Strömungen ist recht gut, vgl. Aufnahme IX, 62 (Aluminiumteilchen).

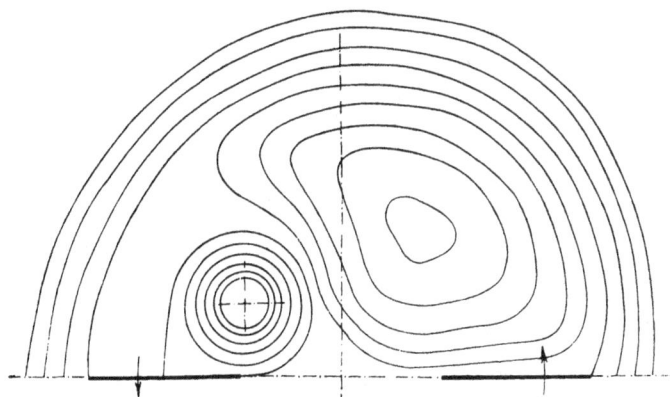

Abb. 24.

b) Der Einfluß der Sekundärströmungen. Über das Relativbild Abb. 24 wurde eine Quell- und eine Senkströmung aus dem Wellenmittel heraus und in sie hinein gelagert, entsprechend der Tatsache, daß in den oberen Schichten Wasser nach außen, in den unteren dagegen wieder nach

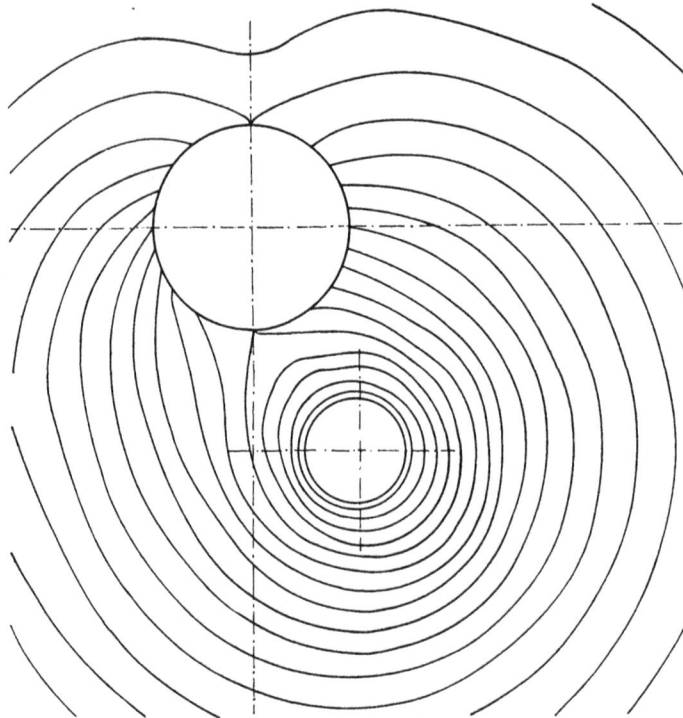

Abb. 25.

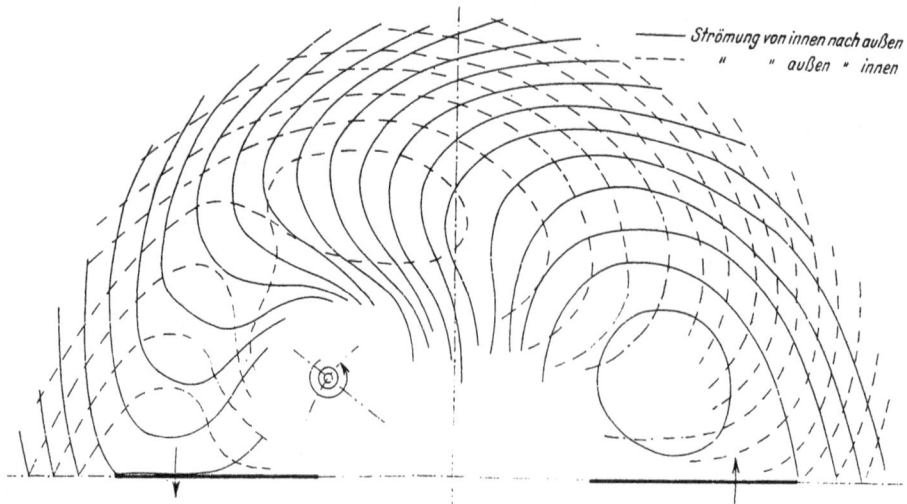

Abb. 26.

innen zurückgefördert wird. Die Quell- bzw. Senkstärke wurde so gewählt, daß die Richtung der Strömung auf einem Kreis um die Schaufelenden ungefähr der Wirklichkeit entspricht. Das auf diese Weise errechnete Relativstrombild zeigt Abb. 26. Entsprechend der Annahme einer im Wellenmittel konzentrierten Quelle oder Senke müßten dort die Stromlinien alle zusammenlaufen, während sie nach außen dauernd divergieren müßten.

In Wirklichkeit strömt das Wasser, bevor es den Drehpunkt erreicht hat, aus der Boden- in die Oberflächenschicht und außerhalb der Schaufeln umgekehrt. Um auch in diesem Punkt Übereinstimmung mit der Wirklichkeit zu erzielen, wurde je eine Stromlinie der Quell- bzw. Senkströmung ineinander übergeführt und zwar in der Weise, daß die errechneten Stromlinien im Schaufelfeld unverändert blieben, dagegen ihre Enden in der Nähe des Drehpunkts und außerhalb des Schaufelbereiches durch einen möglichst raschen und ungezwungenen Übergang verbunden wurden. Dabei wurde der in Abschn. III gezogene Schluß verwendet, daß die Stromlinien ziemlich scharf ineinander übergehen. Das auf diese Weise erhaltene Strombild zeigt Abb. 27. Die Übereinstimmung mit den

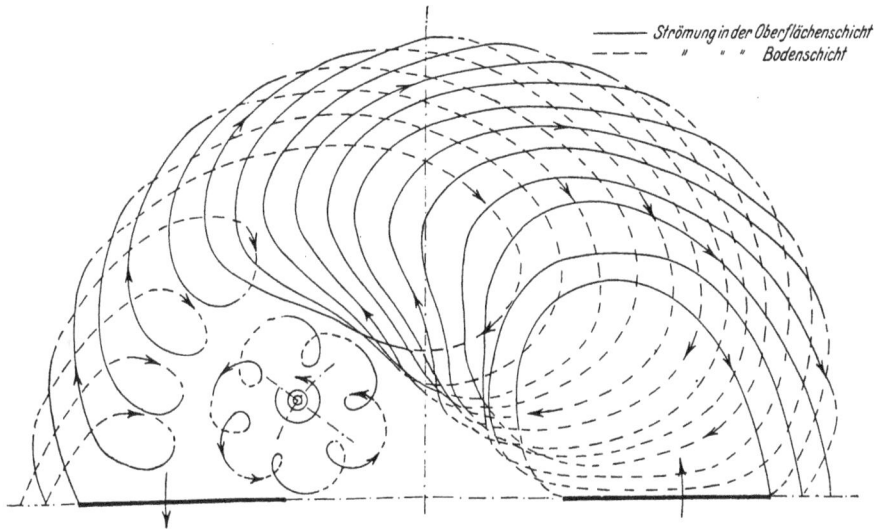

Abb. 27.

Aufnahmen Tafel VIII, 57, 58, 59 ist eine überraschende und beweist die Richtigkeit der Annahmen. Das Strombild kann den einzelnen Bildern noch mehr angepaßt werden durch andere Wahl der Quell- und Senkstärke und durch mehr oder minder verwickelte Annahmen über den Strömungsverlauf zwischen Boden und Oberflächenschicht. In Abb. 27 ist auch die ungefähre Strömung in dem nachlaufenden Wirbel mit eingezeichnet. Dieser verursacht ja, wie wir bereits in Abschn. III auseinandergesetzt, selbst eine kleinere Sekundärströmung, etwa nach Abb. 12, die sich der Wirbelbewegung überlagert. Die beiden Sekundärströmungen wickeln sich aneinander ab, wie auch beim Versuch beobachtet werden kann. Das Vorhandensein einer Sekundärströmung in dem nachlaufenden Wirbel erklärt auch das verschiedenartige Aussehen des Wirbels, wenn die Strömung durch Aluminiumpulver oder Papier sichtbar gemacht wird.

Auf die rechnerische Ermittlung von Strombildern für mehr als 2 Schaufeln ist der großen Rechenarbeit wegen verzichtet; grundsätzlich Neues tritt dabei nicht auf.

VII. Abschnitt.
Der Bewegungswiderstand des Schaufelsystems.

Der Leistungsverbrauch für das Drehen des Schaufelsterns konnte mit der gegebenen Einrichtung nicht gemessen werden.

Allgemein läßt sich folgendes über ihn sagen. Im Anfahrzustand werden periodisch Wirbel erzeugt und abgeschwemmt. Die sekundliche Arbeit des Schaufelwiderstandes wächst dabei mit der sekundlich in die Wirbelbewegung hineingesteckten kinetischen Energie. Diese steigt zunächst durch Anwachsen des Außen- und Innenwirbels. Sobald sich ein neuer Außenwirbel bildet, springt sie auf einen Zwischenwert zurück, um dann durch weiteres Wachsen des Innenwirbels und das Anwachsen des neuen Außenwirbels wieder zu steigen usw. In Abb. 8 kommt dieser periodische Zustand in den Geschwindigkeitsschwankungen zum Ausdruck.

Im Beharrungszustand wird die Dreharbeit im wesentlichen dazu verwendet, um die stationären Wirbel- und Sekundärströmungen gegenüber den durch die Reibung verursachten Verlusten aufrechtzuerhalten. Eine genauere Analyse läßt sich durchführen, soll aber hier unterbleiben, da eine Kontrolle durch den Versuch doch nicht möglich ist.

Strömungen im Anfahrzustand
a) bei einer radialen Schaufel

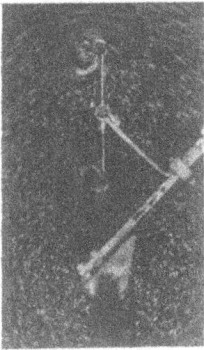

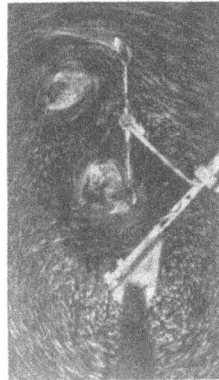
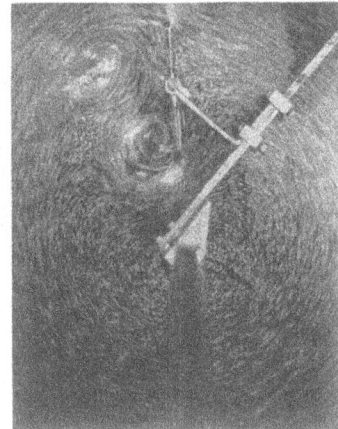

Abb. 1   Drehung 7¹/₄⁰   Abb. 2   18¹/₂⁰   Abb. 3   29³/₄⁰

Abb. 4   41⁰

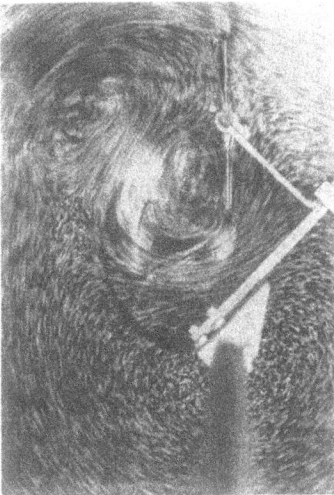
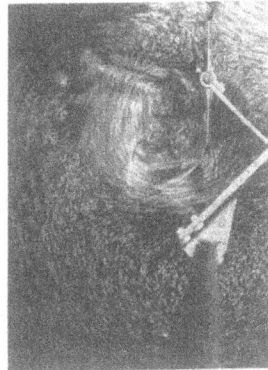
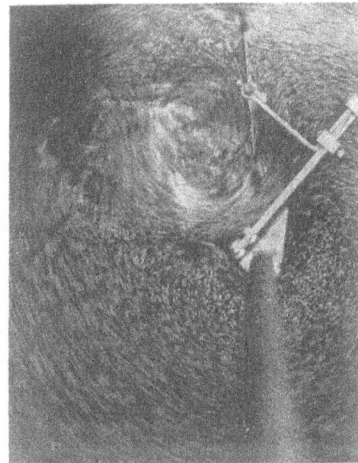

Abb. 6   86⁰

Abb. 5   63¹/₂⁰   Abb. 7.   108¹/₂⁰

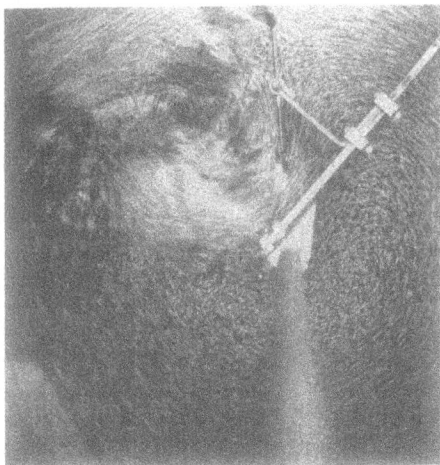
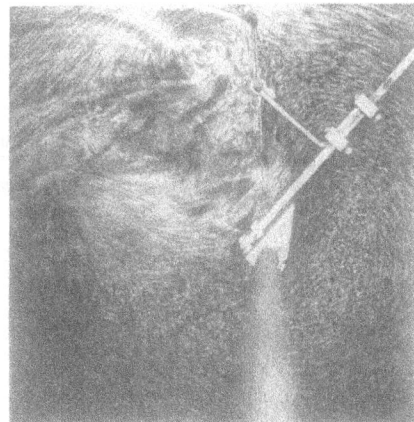

Abb. 8   131⁰   Abb. 9   153¹/₂⁰

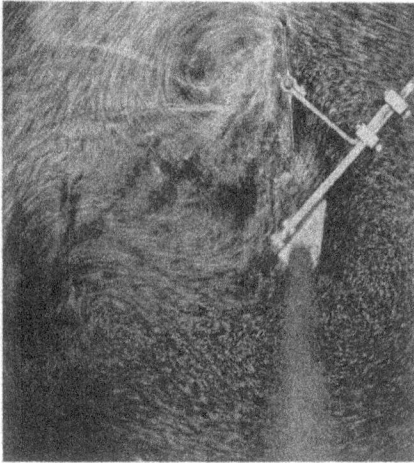

Abb. 10   176⁰

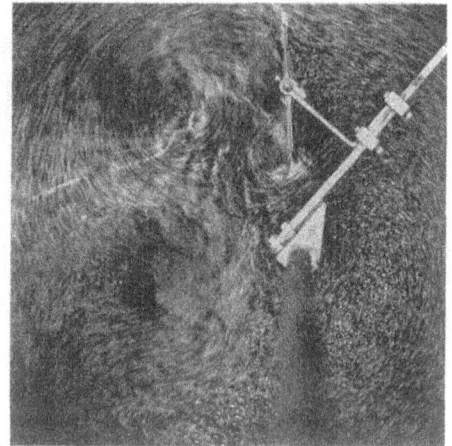

Abb. 11   221⁰

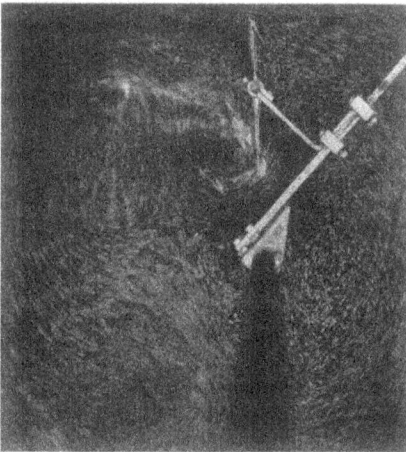

Abb. 12   266⁰

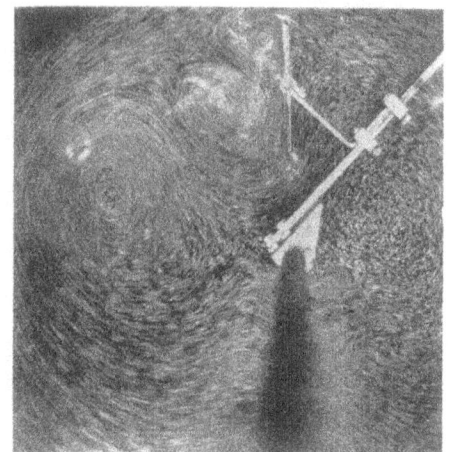

Abb. 13   311⁰

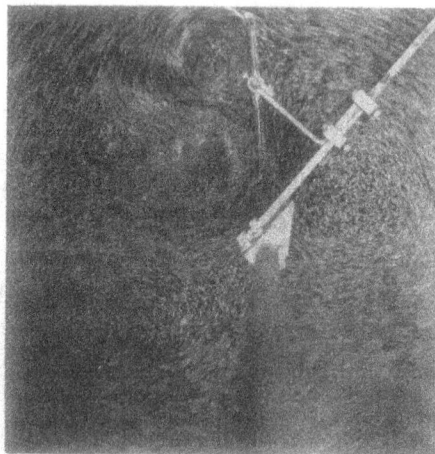

Abb. 14   356⁰

b) bei zwei radialen Schaufeln

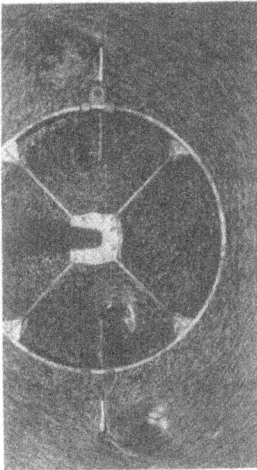

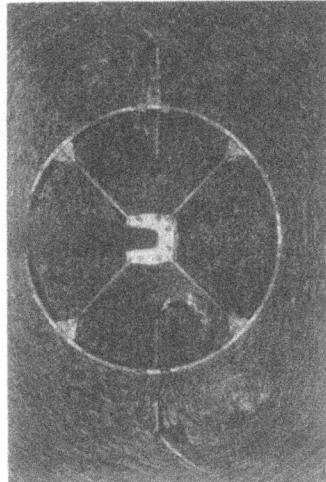

Abb. 15   Drehung 22,5°

Abb. 16   45°

Abb. 17   67,5°

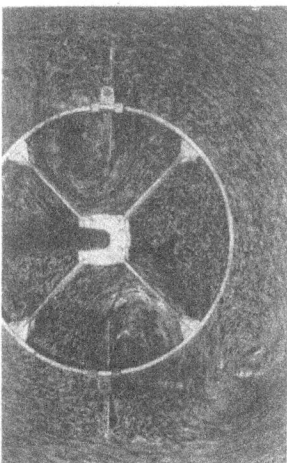

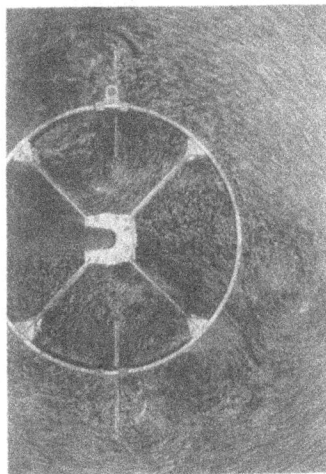

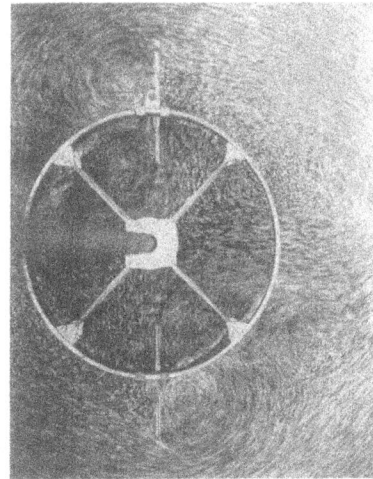

Abb. 18   90°

Abb. 19   135°

Abb. 20   180°

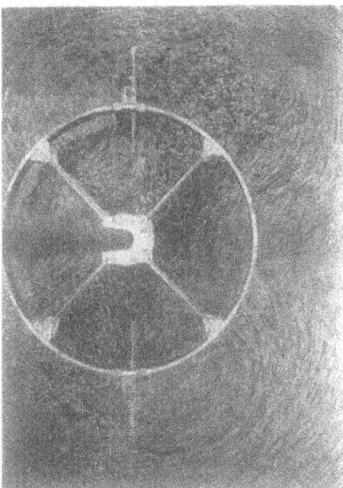

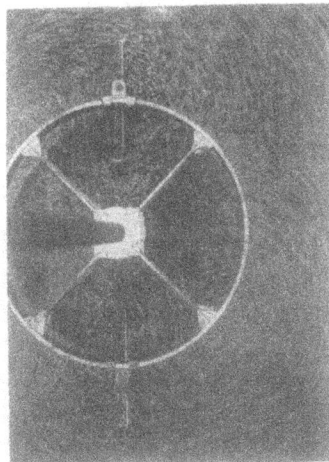

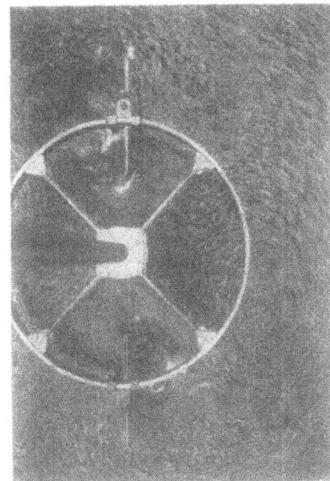

Abb. 21   225°

Abb. 22   270°

Abb. 23   315°

 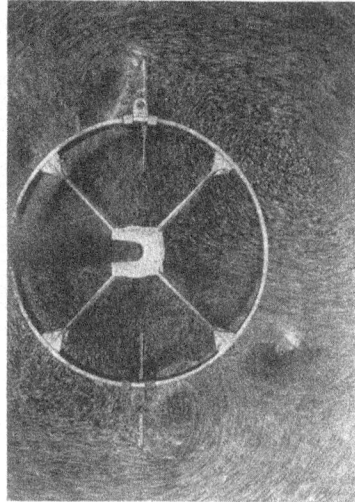 

Abb. 24   360 °   Abb. 25   405 °   Abb. 26   450 °

c) bei vier radialen Schaufeln

 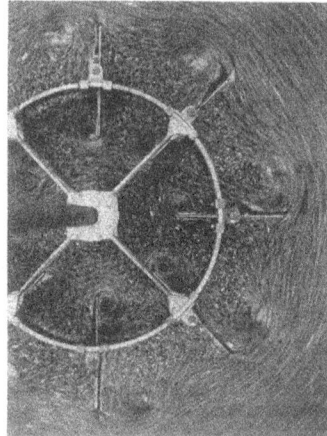 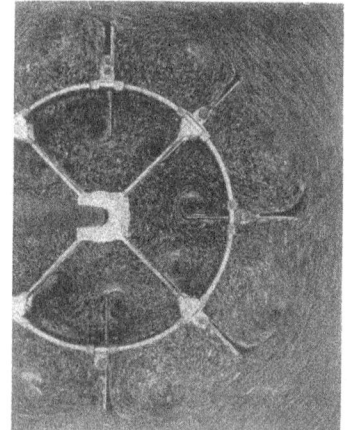

Abb. 27   Drehung 11¼°   Abb. 28   22½°   Abb. 29   33¾°

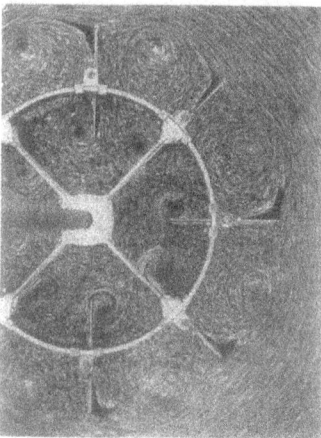 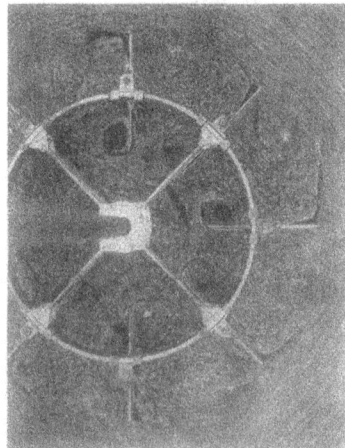 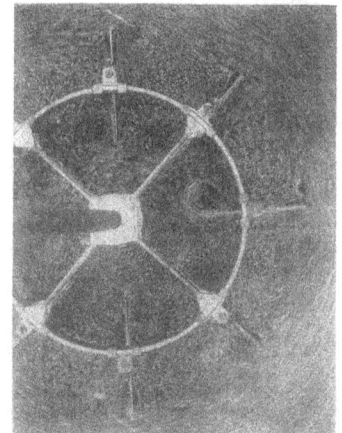

Abb. 30   45 "   Abb. 31   56¼ "   Abb. 32   67½ "

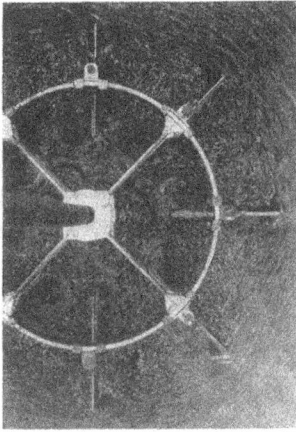 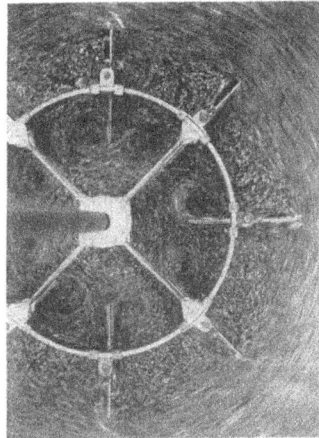 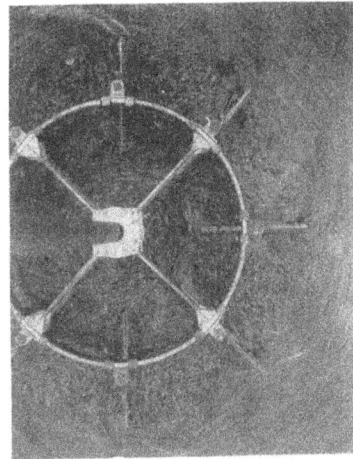

Abb. 33   79³/₄⁰   Abb. 34   90⁰   Abb. 35   112¹/₂⁰

 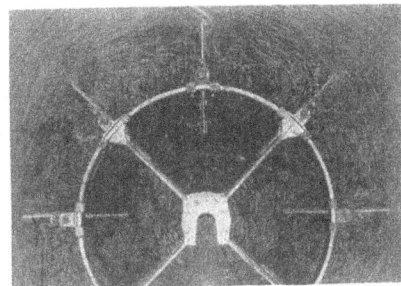

Abb. 36   135⁰   Abb. 37   157¹/₂⁰

d) bei einer geneigten Schaufel

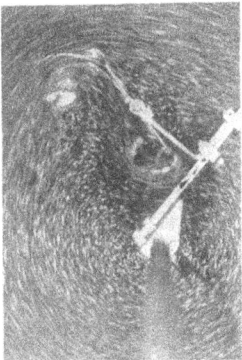 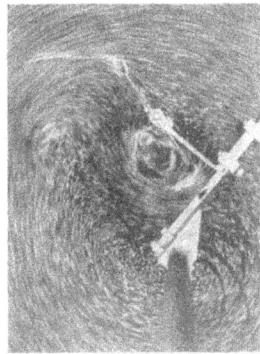 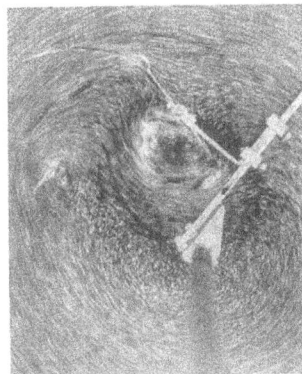 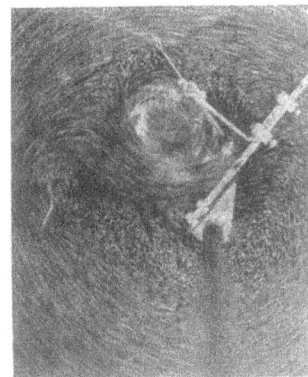

Abb. 38   Drehung 22¹/₂⁰   Abb. 39   45⁰   Abb. 40   77¹/₂⁰   Abb. 41   90⁰

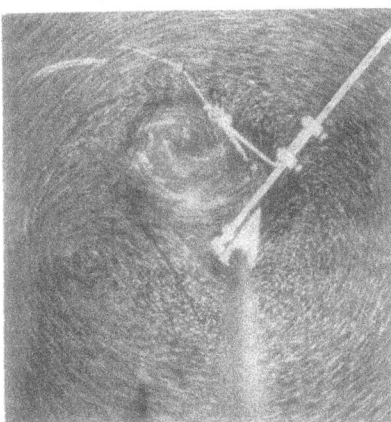 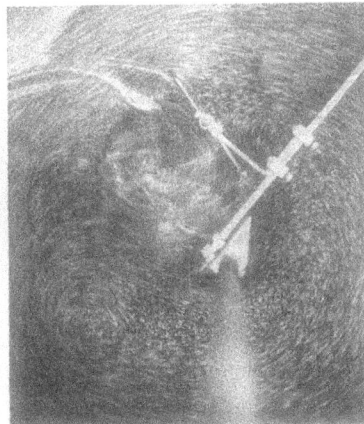 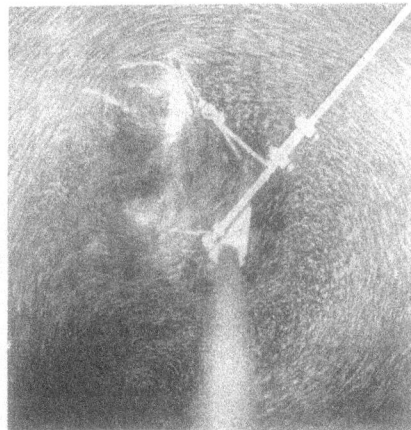

Abb. 42   112¹/₂⁰   Abb. 43   135⁰   Abb. 44   180⁰

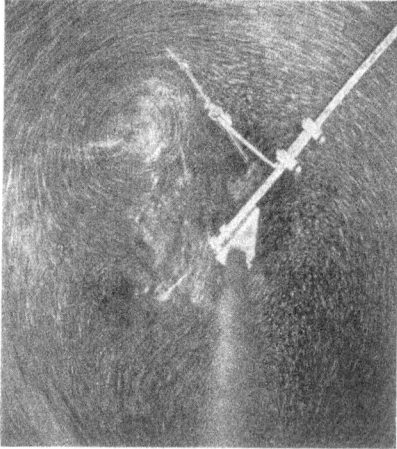

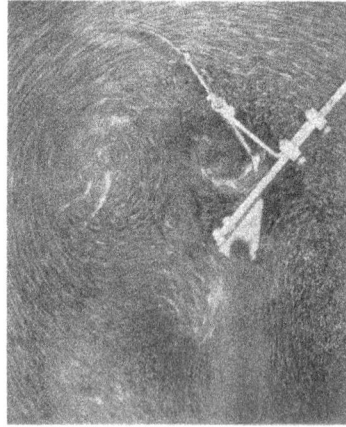

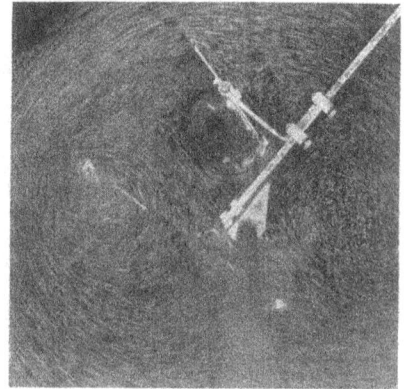

Abb. 47   315°

Abb. 45   225°

Abb. 46   270°

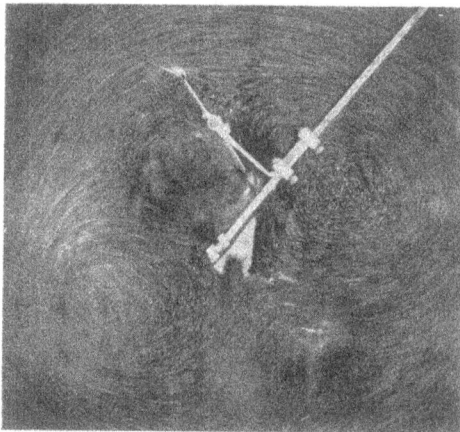

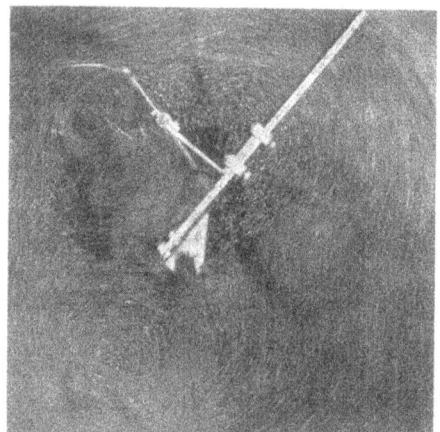

Abb. 48   360°

Abb. 49   405°

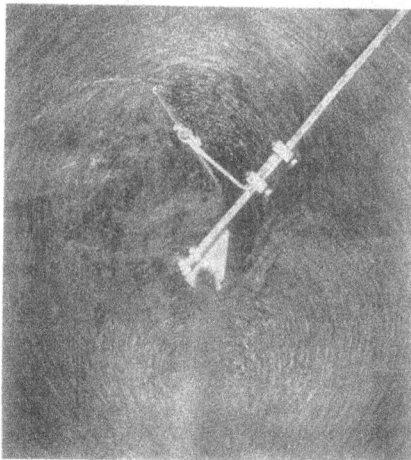

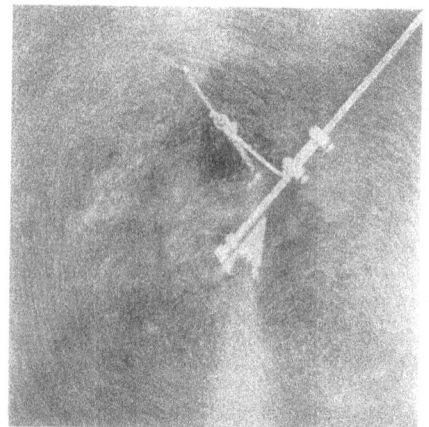

Abb. 50   450"

Abb. 51   495"

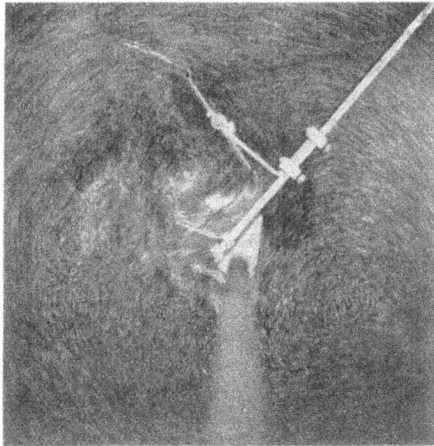

Abb. 52   540⁰

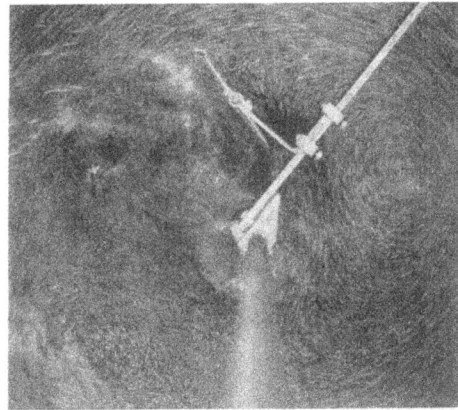

Abb. 53   585⁰

Strömungen im Beharrungszustand
a) eine Schaufel

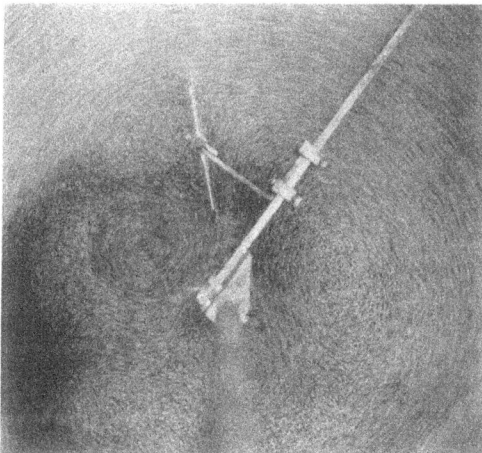

Abb. 54. Belichtung nach 22 Umdr. Geschw. 12,1 U/min.

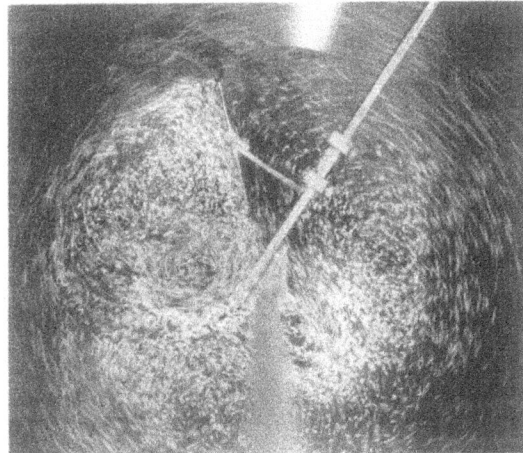

Abb. 55. Belichtung nach 22 Umdr. Geschw. 15,0 U/min.

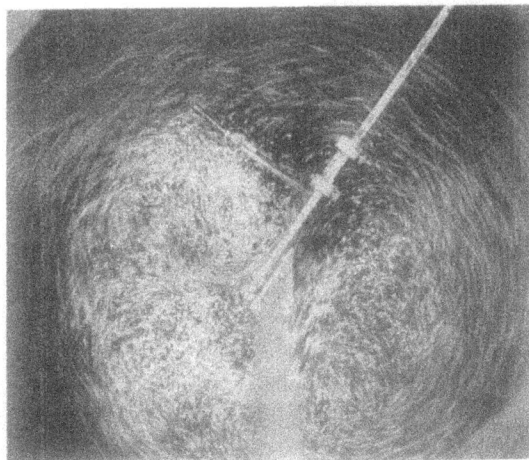

Abb. 56. Belichtung nach 20 Umdr. Geschw. 15,8 U/min.

b) zwei Schaufeln

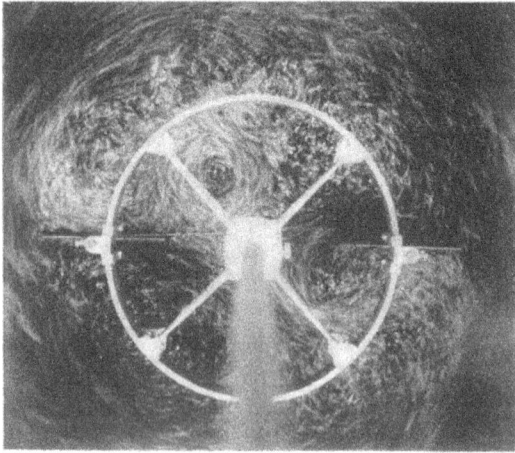

Abb. 57. Belichtung nach 15 Umdr. Geschw. 17,4 U/min.

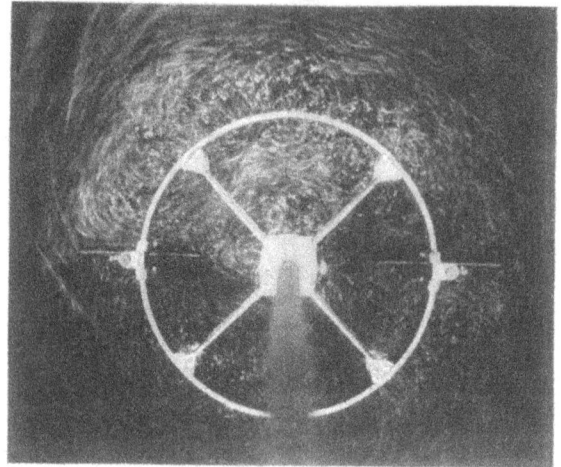

Abb. 58. Belichtung nach 20 Umdr. Geschw. 19,7 U/min.

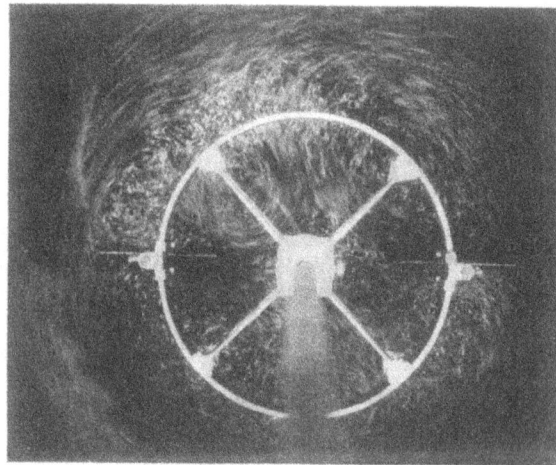

Abb. 59. Belichtung nach 25 Umdr. Geschw. 20 U/min.

Abb. 60. Belichtung nach 22 Umdr.

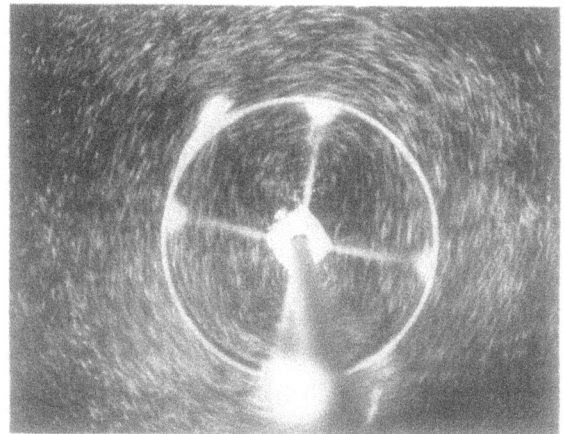

Abb. 61. Belichtung nach 20 Umdr. Geschw. 17,3 U/min.

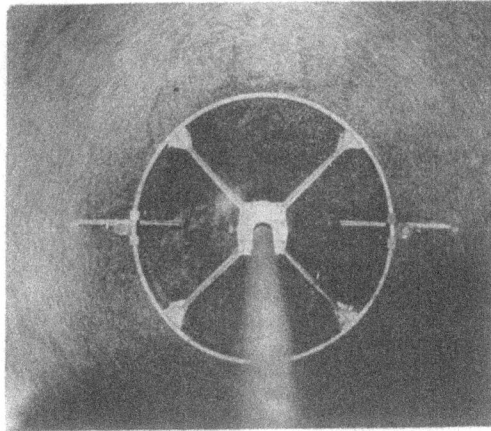

Abb. 62. Belichtung nach 21 Umdr. Geschw. 15,1 U/min.

c) vier Schaufeln

ob. 63. Belichtung nach 20 Umdr. Geschw. 12,1 U/min.

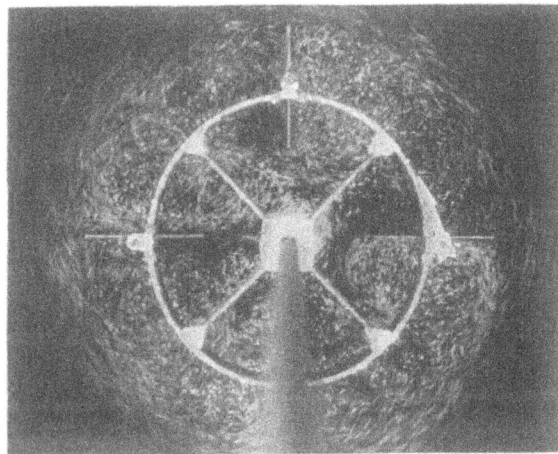

Abb. 64. Belichtung nach 20 Umdr. Geschw. 11,0 U/min.

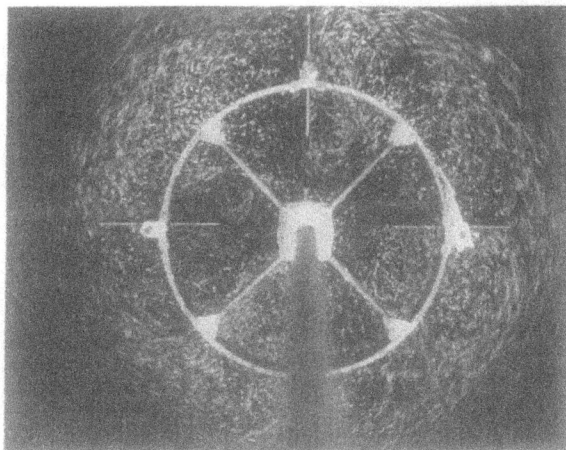

Abb. 65. Belichtung nach 20 Umdr. Geschw. 14,8 U/min.

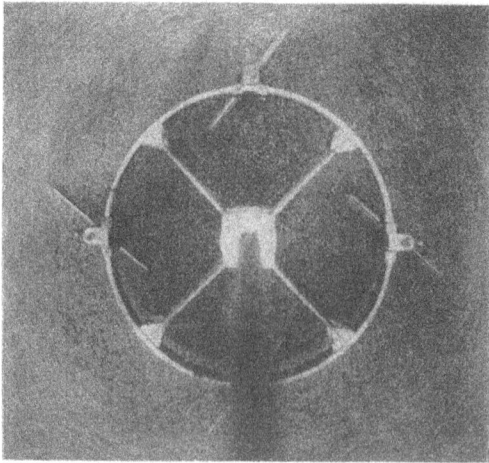

Abb. 66. Belichtung nach 22 Umdr. Geschw. 10 U/min.

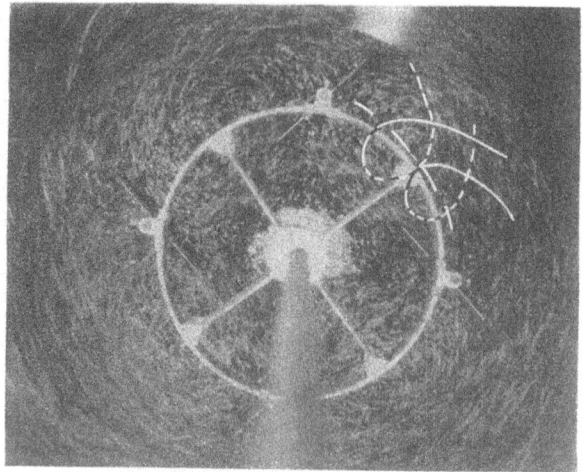

Abb. 67. Belichtung nach 20 Umdr. Geschw. 16,3 U/min.

d) acht Schaufeln

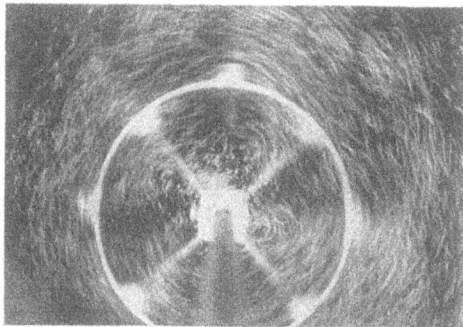

Abb. 68.
Belichtung nach 20 Umdr. Geschw. 13.9 U/min.

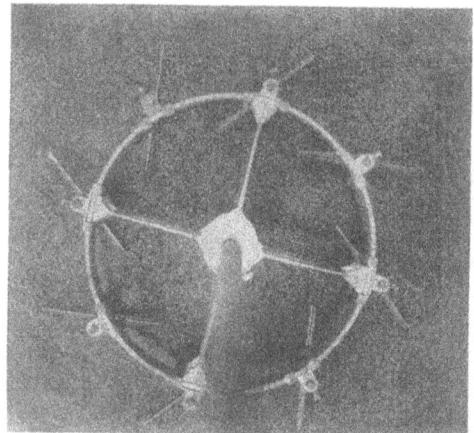

Abb. 69.
Belichtung nach 20 Umdr. Geschw. 8,0 U/min.

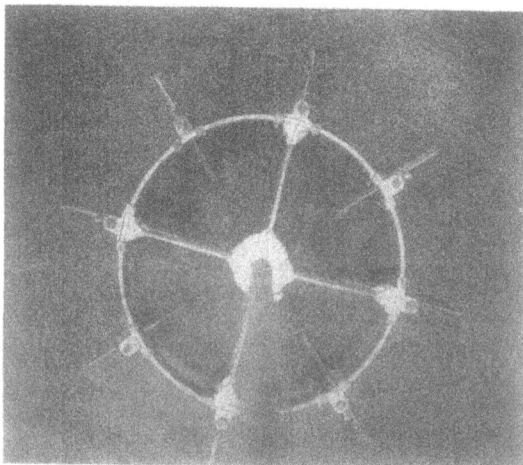

Abb. 70. Belichtung nach 20 Umdr. Geschw. 11,6 U/min.

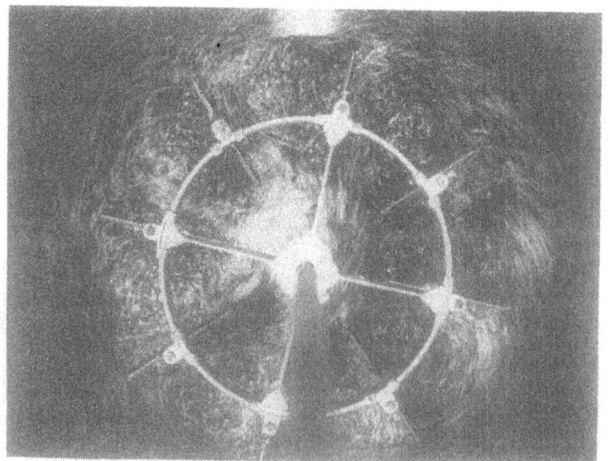

Abb. 71. Belichtung nach 20 Umdr. Geschw. 14,1 U/min.

e) sechzehn Schaufeln

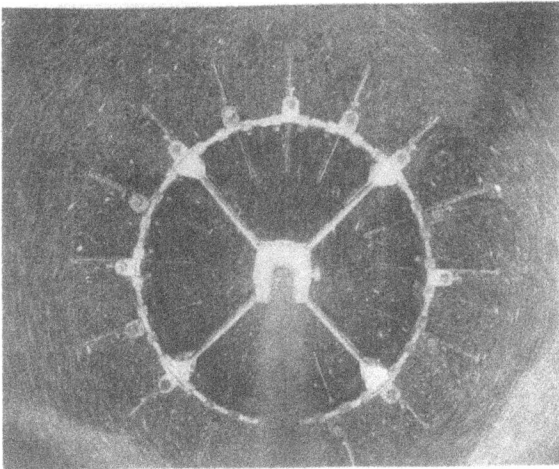

Abb. 72. Belichtung nach 20 Umdr. Geschw. 9,55 U/min.

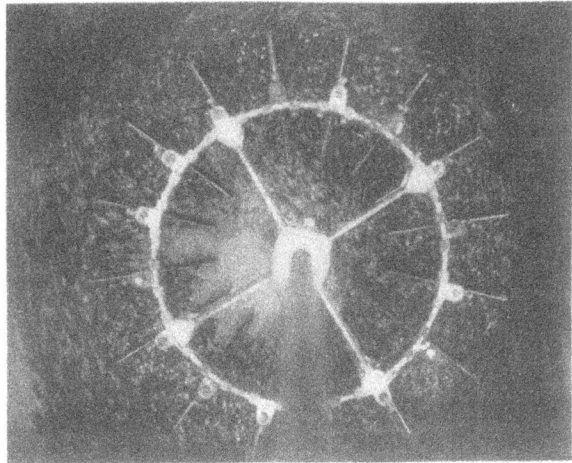

Abb. 73. Belichtung nach 25 Umdr. Geschw. 12,3 U/min.

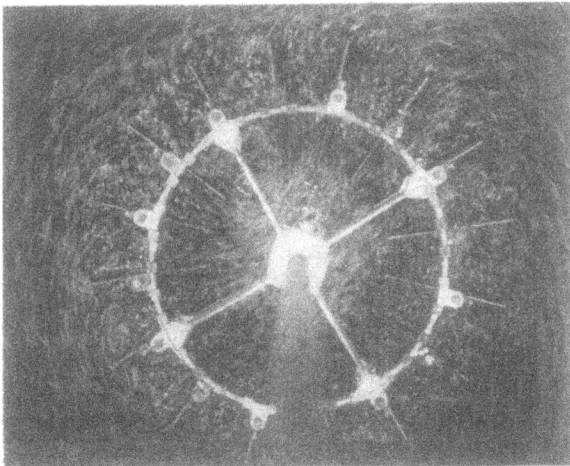

Abb. 74. Belichtung nach 20 Umdr. Geschw. 18,2 U/min.

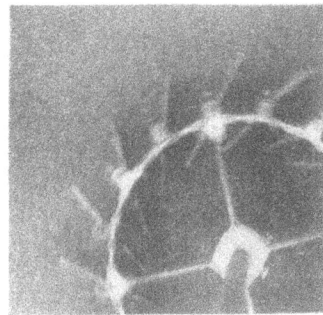

Abb. 75. Belichtung nach 21 Umdr.
Geschw. 8,2 U/min.

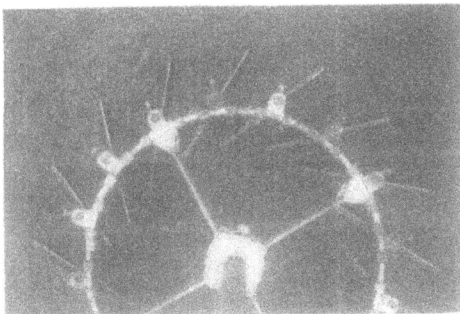

Abb. 76.
Belichtung nach 20 Umdr. Geschw. 8,6 U/min.

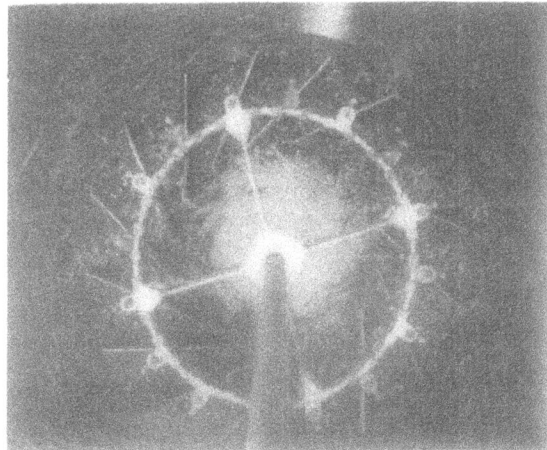

Abb. 77. Belichtung nach 20 Umdr. Geschw. 10,9 U/min.

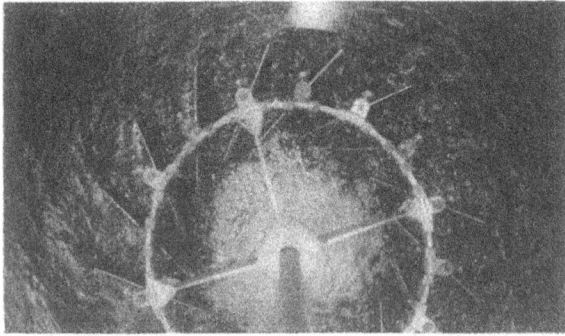

Abb. 78. Belichtung nach 31 Umdr. Geschw. 20,8 U/min.

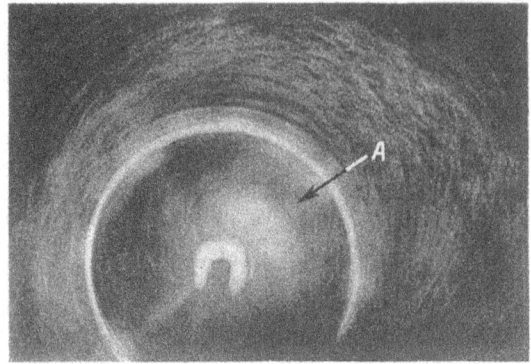

Abb. 79. Belichtung nach 20 Umdr. Geschw. 15,6 U/min.

Kräftemessung an einem Kreisgitter aus zylindrischen Schaufeln bei radialer Zuströmung.

Von E. Bauer.

Die vorliegende Arbeit gliedert sich in drei Abschnitte.

In Abschnitt I wird die Versuchseinrichtung beschrieben, die für die in der Einleitung begründeten Versuche gebaut wurde.

Abschnitt II beschreibt die Vorarbeiten und Vorversuche, die zur Durchführung der eigentlichen Versuche nötig waren.

Abschnitt III berichtet über diese Hauptversuche und insbesondere über ihre Ergebnisse. Es liegen in dieser Arbeit Versuchsergebnisse von einem Schaufelprofil vor.

Einleitung.

Der Eulersche Momentensatz lautet:

$$M = \frac{Q \cdot \gamma}{g} \cdot \Delta\, (c_u \cdot r)$$

oder in Worten: Das von einer strömenden Flüssigkeit auf ein Kreiselrad ausgeübte Moment M ist gleich dem Produkt aus der in der Sekunde durch das Rad strömenden Flüssigkeitsmasse und der mittleren Dralländerung $\Delta\,(c_u \cdot r)$ der Flüssigkeit vom Eintritt in das Rad bis zum Austritt aus dem Rad.

Dieser Satz ist eine wichtige Grundlage für die Berechnung von Kreiselrädern und läßt in einfacher und übersichtlicher Weise den Zusammenhang zwischen Flüssigkeitsbewegung und Leistungsumsatz in einem Kreiselrad erkennen. Voraussetzung für die Anwendung des Eulerschen Satzes ist, daß man den mittleren Drallunterschied $\Delta\,(c_u \cdot r)$ kennt, und das ist bei den Methoden der Eulerschen Turbinentheorie nur der Fall unter der Annahme unendlich vieler Schaufeln im Kreiselrad.

Praktisch kommen aber nur Räder mit endlicher Schaufelzahl (Schaufelgitter) in Frage. Daraus ergeben sich für die Berechnung der mittleren Dralländerung in manchen Fällen Schwierigkeiten.

In der vorliegenden Arbeit wurde nun der Versuch gemacht, durch Kräftemessungen den Zusammenhang zwischen Schaufelzahl, Schaufelstellung und mittlerer Dralländerung in einem kreisförmigen Gitter mit zylindrischen Schaufeln zu klären.

Zu diesem Zweck wurde ein besonderer Versuchsapparat konstruiert. Die bei den Versuchen angewandten Methoden knüpfen an die Kraftmessungen an, die von der aerodynamischen Versuchsanstalt Göttingen bei der Untersuchung von Flugzeugflügeln gemacht werden (L 16). Die Verschiedenartigkeit des Betriebes und der an den Versuchsapparat zu stellenden Anforderungen brachte es naturgemäß mit sich, daß im Aufbau und in den konstruktiven Einzelheiten der Versuchseinrichtung wesentlich andere Wege eingeschlagen wurden.

Da bei der ersten Durchführung solcher Versuche mit erheblichen Schwierigkeiten zu rechnen war, wurde der Apparat zunächst für Messungen an einem feststehenden Gitter gebaut.

Abb. 1 zeigt ein kreisförmiges Gitter mit zylindrischen Schaufeln und eine (ungestörte) zweidimensionale, achsensymmetrische Quellströmung. Die Stromlinien sind radiale Gerade. Alle Geschwindigkeiten sind (in Abb. 1) parallel zur x-y-Ebene gerichtet, und es finden in der z-Richtung (Richtung der Gitterachse) keine Geschwindigkeitsänderungen statt.

Es ist also

$$c_z = 0, \frac{\partial c_x}{\partial z} = 0, \frac{\partial c_y}{\partial z} = 0.$$

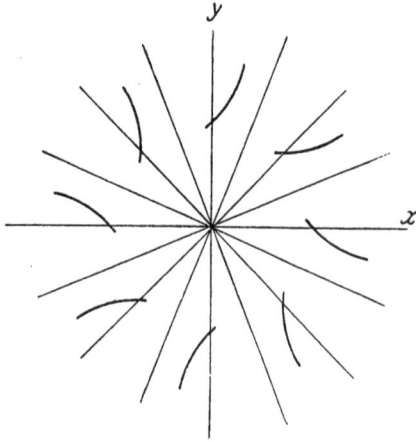

Abb. 1.

I. Abschnitt.

Die Versuchseinrichtung.

Die Versuchseinrichtung hat folgende Aufgaben zu erfüllen:

1. Sie soll eine Strömung herstellen, die der ebenen zweidimensionalen Quellströmung möglichst nahe kommt.

2. In diese Strömung soll ein Schaufelgitter eingebaut werden, das in bezug auf Schaufelzahl, Form und Größe und Ablenkungswinkel in möglichst weiten Grenzen verändert werden kann.

3. Die auf die einzelnen Schaufeln durch die Strömung ausgeübte Kraft soll nach Größe, Richtung und Lage gemessen werden können.

4. Die durchfließende Wassermenge muß regulierbar sein.

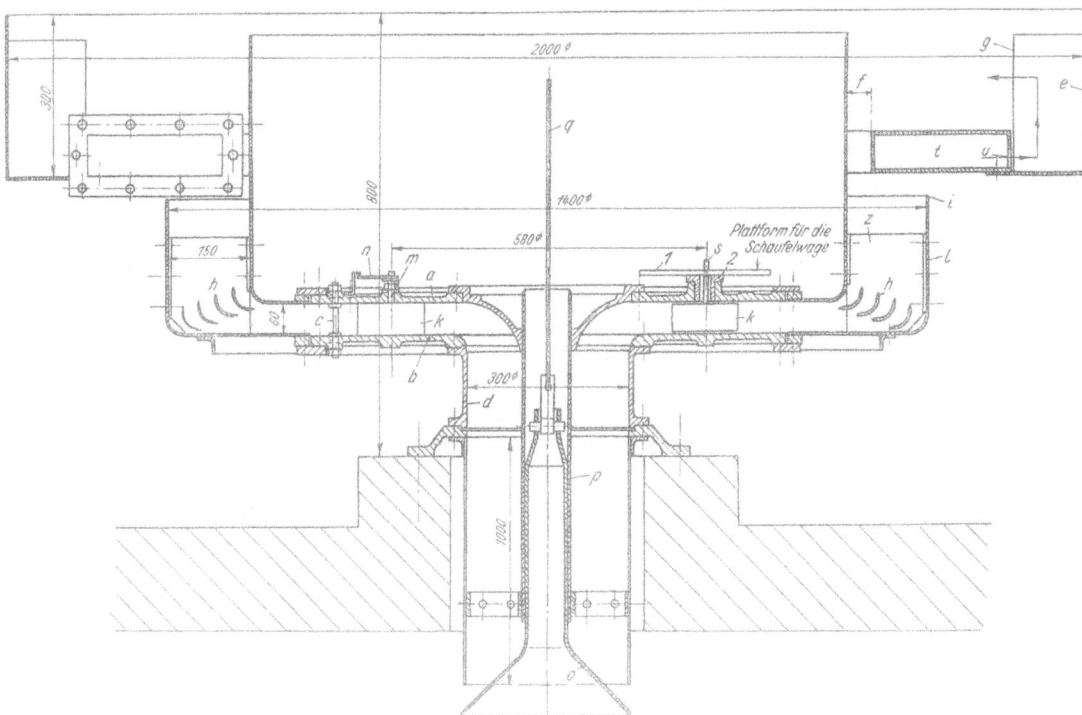

Abb. 2.

Zu 1. (Hierzu Abb. 2.) Die zweidimensionale, achsensymmetrische Strömung kommt zustande in einem von zwei planparallelen Wänden (*a* u. *b*) gebildeten Rotationshohlraum, in welchen das Wasser von außen achsensymmetrisch eintritt und aus dem es innen ebenso austritt. Die Wände des Rotationshohlraums sind zwei gußeiserne Platten *a* u. *b* von 880 mm Durchmesser, die durch sechs Distanzbolzen *c* miteinander verbunden und in festem Abstand voneinander gehalten werden. Die Bolzen sind so weit als möglich nach außen gerückt, damit sie die Strömung im Gitter nicht beeinflussen. Der Abstand der Platten beträgt 60 mm. Die untere Platte *b* geht innen in ein Rohr *d* von 300 mm Durchmesser über, durch welches das Wasser wie im Saugrohr einer Francisturbine senkrecht nach unten austritt. Der Durchmesser des Rohres *d* ist reichlich gewählt mit Rücksicht darauf, daß später ev. ein Laufrad darin Platz finden soll. Das austretende Wasser wird in einem Kessel aufgefangen und durch eine Rinne nach dem Meßkanal geleitet, wo durch Überfallmessung die pro Sekunde durch den Apparat strömende Wassermenge festgestellt wird.

Das Betriebswasser wird geliefert durch eine Pumpe und dem Apparat durch eine Rohrleitung von 200 mm l. W. zugeführt. Das Wasser tritt zunächst in den Verteilring *t* u. *e* und wird durch diesen gleichmäßig nach allen Stellen des Umfangs geleitet. Aus dem Verteilring gelangt das Wasser durch einen Spalt *f* in den Einlaufring *l*, der es dem Schaufelraum zuleitet. Dieser Einlaufring ist durch 16 radial gestellte Wände *z* in Zellen geteilt, welche verhindern, daß sich in der Strömung ein Drall ausbildet. Damit die Umlenkung in die wagrechte Richtung möglichst gleichmäßig wird und ihre Wirkung sich nicht bis in den Schaufelraum erstreckt, sind in die Krümmung ringförmige Umlenkschaufeln *h* eingebaut.

Die Oberkante *i* an der äußeren Wand des Einlaufringes *l* dient als Streichwehr; das überlaufende Wasser wird in einem Sammelring aufgefangen und unmittelbar ins Unterwasser zurückgeleitet.

Zu 2. (Hierzu Abb. 2.)

Das Schaufelgitter *k* befindet sich in dem Raum zwischen den beiden Platten *a* u. *b*. Es liegt so, daß das Wasser vor und hinter dem Gitter noch eine Strecke weit zwischen parallelen Wänden geführt wird. Dadurch wird vermieden, daß sich der Einfluß der beiderseitigen Krümmung bis in den Bereich des Gitters hinein erstreckt. Die Schaufeln sind mit Zapfen *m* versehen, mit welchen sie in entsprechenden Bohrungen der oberen Platte *a* drehbar befestigt werden. Jede Schaufel trägt oben auf dem Drehzapfen *m* einen Kreissektor *n* mit Gradeinteilung, die zum Einstellen des Anstellwinkels dient.

Die Kraft wird gleichzeitig an drei symmetrisch auf den Umfang verteilten Schaufeln gemessen, weil nicht zu erwarten ist, daß sich eine absolut achsensymmetrische Strömung erzielen läßt und deshalb Differenzen in der Wasserverteilung längs des Umfangs nicht zu vermeiden sind. Die drei Meßschaufeln können zwischen den beiden Platten *a* u. *b* frei spielen; ihre Befestigungszapfen *s* gehen frei durch die Bohrung der oberen Platte *a* hindurch und sind in der darüber liegenden Schaufelwage befestigt. Das Spiel zwischen Meßschaufeln und Platten beträgt beiderseits 0,1 mm. Die übrigen Schaufeln haben ebenfalls ca. 0,1 mm Spiel zwischen den Platten, damit sie während des Betriebes leicht verstellt werden können.

Zu 4. (Hierzu Abb. 2.)

Die Vorrichtung zum Regeln der durchfließenden Wassermenge befindet sich am unteren Ende des Saugrohres *d*. Sie besteht aus einem Trichter *o*, der mit seinem zylindrischen Hals in einem im Innern des Saugrohres befindlichen Stahlrohr *p* gelagert ist. Der Trichter *o* ist an einem Drahtseil *q* aufgehängt und kann durch eine Schraubenspindel auf und ab bewegt werden, wobei der Austrittsquerschnitt und damit die Durchflußmenge verändert wird.

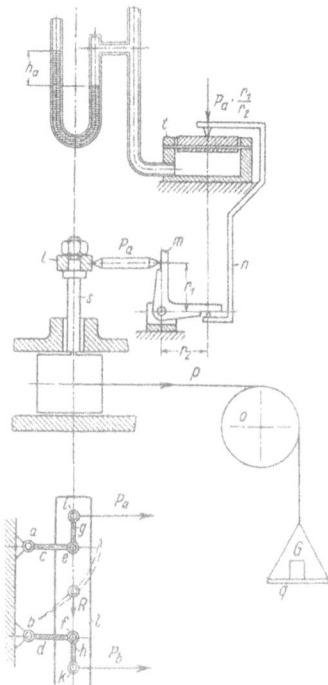

Abb. 3.

Zu 3. Die Meßapparate. (Hierzu Abb. 3, 4 u. 5.)

Die zu messende Kraft liegt in der Strömungsebene, also parallel zu den Wänden des Schaufelraumes. Es war also eine Wage zu konstruieren, welche Größe, Richtung und Lage der in einer wagrechten Ebene liegenden Schaufelkraft anzeigt. Durch die Schaufelwage wird die Kraft in zwei Komponenten zerlegt. Die eine Komponente fällt in die Richtung der durch den Schaufeldrehpunkt gehenden Radialen (Radialkraft R), die andere Komponente steht senkrecht auf dieser Radialen (Umfangskraft). Durch diese beiden Komponenten ist Größe und Richtung der Gesamtkraft bestimmt. Es muß ferner das Moment dieser Kraft durch die Wage aufgenommen werden; zu diesem Zweck wird die Umfangskraft in zwei parallele Komponenten geteilt. Damit ist auch die Lage der Gesamtkraft gegeben.

Abb. 3 zeigt das Schema der Schaufelwage und der Kraftmessung. Die Punkte a u. b sind die festen Drehpunkte des Systems. Um diese drehen sich die Hebel c u. d und um deren Endpunkte

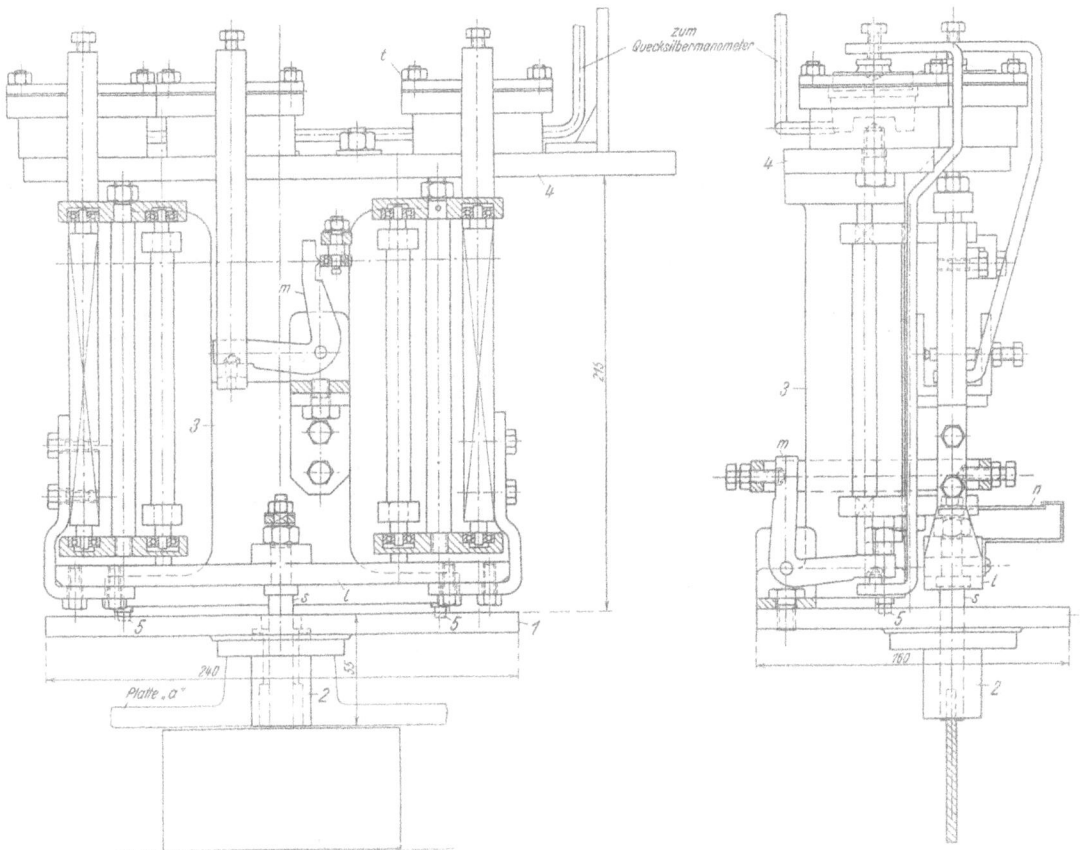

Abb. 4.

e u. f die Hebel g u. h. Die Endpunkte i u. k dieser beiden Hebel sind durch den Schaufelträger l in festem Abstand voneinander gehalten, jedoch so, daß die Hebel g u. h sich relativ zum Schaufelträger l um die Punkte i u. k drehen können. In dem Schaufelträger l befindet sich in der Mitte die Bohrung für den Drehzapfen s der Meßschaufel. Die Schaufel kann sich also mit dem Schaufelträger innerhalb ausreichender Grenzen nach allen wagrechten Richtungen frei drehen und bewegen. Das Getriebe a—k muß natürlich in zwei parallelen Ebenen ausgeführt werden, damit die Schaufel nur ebene Bewegungen zwischen den Platten a u. b machen kann.

Abb. 4 zeigt die konstruktive Ausführung der Schaufelwage. Als Träger der Wage dient die Plattform 1 mit der Büchse 2, welche in eine Bohrung der oberen Platte a des Schaufelraumes eingesetzt wird. Auf dieser Plattform ruht das Gestell 3, in welchem die festen Drehpunkte a u. b (vgl. Schema Abb. 3) der Schaufelwage liegen. Das Gestell steht auf 3 Schraubenfüßen 5; dadurch ist ein genaues reibungsloses Einstellen der Schaufeln zwischen den Wänden des Schaufelraumes mit minimalem Spalt möglich. Der Bolzen *s* der Schaufel geht durch die Büchse *2* mit 6 mm Spielraum hindurch und ist in dem darüber befindlichen Schaufelträger *l* befestigt. Da der Bolzen im Betrieb nur Bewegungen von höchstens 0,5 mm macht, ist ein Anstoßen an der Büchse ausgeschlossen. Zwischen Bolzen und Büchse ist eine Dichtung aus sehr dünnem Gummi angebracht,

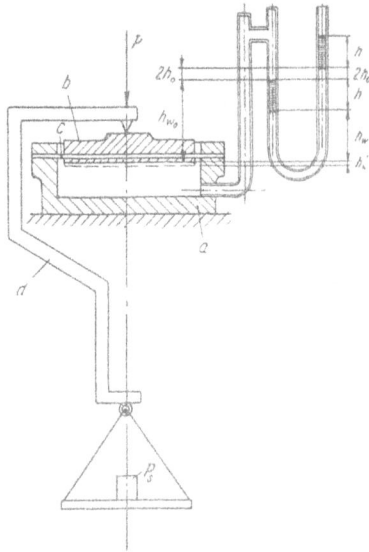

Abb. 5.

welche nach außen vollständig abdichtet, ohne die Bewegungsfreiheit der Schaufel bzw. die Genauigkeit der Messung zu beeinträchtigen.

Als Kraftmesser dienen Meßdosen; jede Schaufelwage besitzt drei solche Meßdosen. Abb. 3 zeigt das Schema der Kraftmessung. Die Umfangskraft wird gemessen in zwei Komponenten P_a u. P_b, die Radialkraft in der Komponente R. Durch Zusammensetzen dieser drei Kräfte erhält man die Größe, Richtung und Lage der Gesamtkraft.

Die Kraft P liegt wagrecht; die Meßdosen sind aber nur für senkrechte Kräfte verwendbar. Deshalb werden die Komponenten der Kraft P durch Winkelhebel *m* umgelenkt und durch Zugstangen *n* auf die Meßdosen *t* übertragen. Die Winkelhebel *m* sind in Spitzen gelagert, deren Reibung unmerklich ist.

Die Meßdosen (Abb. 5) mußten für den vorliegenden Zweck eigens konstruiert werden. Da die Kraft durch die Höhe einer Quecksilbersäule angezeigt wird, muß ein verhältnismäßig großer Kolbenweg zugelassen werden. Deshalb muß auch der Spalt zwischen Kolben *b* und Gefäß *a* (Abb. 5) groß werden, damit die Spannung der Membran *c* die Messung nicht beeinflußt.

Der Einbau der Meßdosen ist ebenfalls auf Abb. 4 zu sehen. Sie befinden sich auf einer Platte *4*, die oben auf dem Gestell *3* befestigt ist. Die Quecksilberröhrchen, welche die Kraft anzeigen, sind zum bequemen Ablesen ca. 30 cm über die Meßdosen hinauf verlegt worden.

Weitere Einzelheiten über die Meßapparate sind im folgenden Abschnitt enthalten.

II. Abschnitt.

Vorbereitende Arbeiten und Versuche.

Die Vorarbeiten und Vorversuche erstreckten sich im wesentlichen auf Untersuchen und Eichen der Meßvorrichtungen und die Herstellung der achsensymmetrischen, drallfreien, ebenen Quellströmung im Schaufelraum.

A. Untersuchung und Eichen der Meßvorrichtungen.

1. Das Verhalten der Meßdosen (hierzu Abb. 5). Die Meßdose besteht aus einem zylindrischen Gefäß *a*, einem Kolben *b* und einer Gummimembran *c*. Die Membran schließt das Gefäß dicht ab und gestattet dem Kolben, sich ungehindert 3 bis 4 mm auf und ab zu bewegen.

Die Kraft P, die auf die Meßdose drückt, ist gleich dem Produkt aus Flüssigkeitsdruck $\times$ „wirksame" Kolbenfläche, also $P = p \cdot F$.

Der Druck p wird gemessen in mm Quecksilbersäule; das Quecksilber befindet sich in dem U-förmigen Glasrohr. Die Meßdose und das Verbindungsrohr zum Quecksilbermanometer sind mit Wasser gefüllt. Alle Luft wird beim Einfüllen des Wassers sorgfältig entfernt. Über die „wirksame" Kolbenfläche ist vorläufig nichts Genaueres bekannt.

Im unbelasteten Zustand drückt auf die Meßdose ein Gewicht, das sich zusammensetzt aus Kolben b + Zugstange d + Anteil des Umlenkwinkels m (in Abb. 3); es soll mit P_0 bezeichnet werden.

Es bedeuten ferner:

P eine auf die Meßdose wirkende Kraft,

p den durch P hervorgerufenen Flüssigkeitsdruck,

p_0 den durch P_0 hervorgerufenen Flüssigkeitsdruck,

γ_w das spez. Gewicht des Wassers,

γ das spez. Gewicht des Quecksilbers,

F die „wirksame" Kolbenfläche (größer als die Kolbenfläche und kleiner als die Meßdosenfläche),

f den Querschnitt der Quecksilbersäule.

Die übrigen Bezeichnungen sind aus der Abb. 5 zu entnehmen.

Es ist also

$$P_0 = F \cdot p_0$$

und

$$p_0 = \gamma_w \cdot h_{w_0} + \gamma \cdot 2\,h_0,$$

also

$$P = F\,(\gamma_w\,h_{w_0} + \gamma \cdot 2\,h_0).$$

Wird die Meßdose durch die Schaufelkraft P_s belastet (in Abb. 5), so ist die Gesamtbelastung

$$P = P_0 + P_s = F \cdot p.$$

Die Quecksilbersäule ist jetzt im einen Schenkel des U-Rohres um h gestiegen, im andern um h gesunken. Sie beträgt jetzt

$$2\,h + 2\,h_0 = 2\,(h + h_0).$$

Gleichzeitig hat die Wassersäule einerseits um h abgenommen, anderseits um den Betrag h_w' zugenommen, um den sich der Kolben gesenkt hat. Es ist also jetzt

$$p = \gamma_w (h_{w_0} - h + h_w') + 2\gamma (h + h_0).$$

und

$$P = F [\gamma_w (h_{w_0} - h + h_w') + 2\gamma (h + h_0)]$$
$$P_s = P - P_0 = F [\gamma_w (h_{w_0} - h + h_w' - h_{w_0}) + 2\gamma (h + h_0 - h_0)]$$
$$P_s = F [\gamma_w (- h + h_w') + \gamma \cdot 2h].$$

h_w' ist sehr klein und kann gleich $h \cdot f/F$ gesetzt werden, wobei die geringe Dehnung der Membran vernachlässigt ist. Die Größe von f/F beträgt ungefähr 0,015 und kann als konstant angesehen werden. Ferner ist $\gamma = 13,6$ und $\gamma_w = 1$.

Jetzt ist $P_s = F (26,2 + f/F) \cdot h = F \cdot 26,215\, h.$

Unter der Voraussetzung, daß F konstant ist, ist also P_s eine lineare Funktion von h, oder, mit andern Worten, die Quecksilbersäule h, multipliziert mit einer Konstanten, gibt die Schaufelkraft P_s.

Über F läßt sich ohne weiteres Eingehen auf die Form- und Gestaltsänderung der Membran in der Spaltringfläche nichts Bestimmtes aussagen. Aus diesem Grunde ist es notwendig, jede einzelne Meßdose durch direkte Belastung (Wagschale mit Gewicht, die an der Zugstange d angehängt wird, Abb. 5) zu eichen und dadurch festzustellen, ob F konstant ist. Die Eichung ergibt folgendes:

Die Eichkurve ist bei sämtlichen Meßdosen eine Gerade. Es ist also stets $P_s = C \cdot h$. Dagegen sind die Konstanten C der einzelnen Meßdosen verschieden. Die Verschiedenheit erklärt sich dadurch, daß in den einzelnen Durchmessern kleine Ungenauigkeiten möglich sind, ferner dadurch, daß die Form der Membran im Spalt nicht bei allen Meßdosen gleich ist, und endlich dadurch, daß zum vollständigen Abdichten der Meßdosen Ringe aus etwas dickerem Gummi zwischen die Dichtungsflächen gelegt werden mußten, die sich verschieden stark quetschen und dadurch die Größe der Spaltringfläche beeinflussen. Jedoch sind die Verschiedenheiten nicht von Belang, weil die Konstante jeder einzelnen Meßdose durch Eichen genau festgestellt wird.

Um zu starkes Schwanken der Quecksilbersäulen im Betrieb zu vermeiden, wird der Wasserdurchfluß am Austritt aus dem Gefäß a durch eine starke Verengung des anschließenden Röhrchens gedrosselt. Dies gibt eine wirksame Dämpfung aller Vibrationen. Die Drosselung hat, wie der Versuch gezeigt hat, auf die Meßgenauigkeit keinen Einfluß.

2. Nachdem die Eichung der Meßdosen bei direkter Belastung erledigt ist, kann die Kräftezerlegung und Kräfteverteilung in den Schaufelwagen untersucht werden. (Hierzu Abb. 3.) Die Wage wird belastet durch eine wagrecht ziehende dünne Schnur p, die über eine in Spitzen gelagerte Rolle o läuft und am Ende eine Wagschale q trägt. Der Zug der Schnur greift an einem Bolzen an, der an Stelle der Schaufel in den Schaufelträger l eingesetzt und am unteren Ende mit einem kleinen Kugellager versehen ist. Die Schnur wird um das Kugellager herumgeschlungen; dadurch wird erreicht, daß die Richtung der Zugkraft immer genau durch die Mitte des Bolzens geht.

Die drei Meßdosen der Schaufelwage sollen jetzt mit a, b und c bezeichnet werden. Dose a und b zeigen die beiden Teile der Umfangskomponente P_a u. P_b, Dose c die Radialkomponente R an. Die beiden Komponenten werden zunächst getrennt untersucht, und zwar zuerst die Umfangskomponente. Die Wage wird so gestellt, daß der Zug der Schnur genau in die Richtung dieser Kraft, d. h. senkrecht zur Mittellinie des Schaufelträgers, fällt. Bei genauer, fehlerfreier Herstellung muß jetzt jede der beiden Meßdosen a und b die Hälfte des auf der Wagschale liegenden Gewichtes G anzeigen. Dies ist jedoch, wie die ersten Messungen zeigen, nicht der Fall.

Als Ursache dafür ist folgendes anzusehen:

1. Die Bohrung für den Schaufelbolzen liegt nicht genau in der Mitte zwischen den Angriffspunkten der beiden Teilkräfte P_a und P_b.

2. Das Hebelverhältnis $\frac{r_1}{r_2}$ ist bei den Winkelhebeln m nicht genau gleich 1 und bei den einzelnen Hebeln verschieden.

Durch Vertauschen der beiden Winkelhebel m von P_a und P_b kann sowohl die Lage des Kraftangriffspunktes als auch die Verschiedenheit des Hebelverhältnisses genau festgestellt werden.

Dies geschieht folgendermaßen. Es bedeuten:

G das Gewicht auf der Wagschale.

P_a den auf die Meßdose a entfallenden Anteil von G,

P_b den auf die Meßdose b entfallenden Anteil von G,

$i_a = \frac{r_1}{r_2}$ am Winkelhebel m der Meßdose a,

$i_b = \frac{r_1}{r_2}$ am Winkelhebel m der Meßdose b,

h_a und h_b die Ausschläge der Quecksilbersäule von Meßdose a bzw. b,

c_a, c_b, c_c die Konstanten der drei Meßdosen a, b und c für direkte Belastung,

Index 1 für Messung vor Vertauschung der Winkelhebel,

Index 2 für Messung nach Vertauschung der Winkelhebel.

Dann bestehen die Gleichungen:

$$
\begin{array}{ll}
1)\ \ P_a \cdot i_a = (h_a \cdot c_a)_1 & 3)\ \ P_a \cdot i_b = (h_a \cdot c_a)_2 \\
2)\ \ P_b \cdot i_b = (h_b \cdot c_b)_1 & 4)\ \ P_b \cdot i_a = (h_b \cdot c_b)_2
\end{array}
$$

Aus Gl. (1) und (3) erhält man

$$\frac{i_a}{i_b} = \frac{h_{a1}}{h_{a2}},$$

oder aus Gl. (2) und (4)

$$\frac{i_a}{i_b} = \frac{h_{b2}}{h_{b1}}.$$

Der Unterschied im Hebelverhältnis ist also unmittelbar aus den Quecksilberhöhen vor und nach der Vertauschung gegeben.

Ist $\frac{i_a}{i_b}$ bekannt, so folgt aus Gl. (1) und (2)

$$\frac{P_a}{P_b} = \frac{(h_a \cdot c_a)_1}{(h_b \cdot c_b)_1} \cdot \frac{i_b}{i_a}.$$

Damit lassen sich auch die Anteile P_a und P_b von G berechnen. Ist P_a und P_b bekannt, so gibt

$$\frac{P_a}{h_{a1}} = C_a \text{ und } \frac{P_b}{h_{b1}} = C_b,$$

das sind die Schaufelwagenkonstanten für die Meßdosen a und b. Auf diese Weise werden die Konstanten C für die Umfangskomponenten an allen drei Schaufelwagen bestimmt.

Nun sind noch die Meßdosen für die Radialkomponenten zu eichen. Die Richtung der Schnur wird dabei so gelegt, daß das Gewicht auf der Wagschale ausschließlich auf die Meßdose c trifft; die Dosen a und b dürfen also dabei keine Ausschläge geben. Die Meßdosen c können nun einfach so geeicht werden, daß man zu den Gewichten auf der Wagschale die zugehörigen Ausschläge der Quecksilbersäule mißt.

Nachdem auf diese Weise die Einzelkomponenten der Schaufelwagen geeicht sind, ist noch festzustellen, ob die Radialkomponente rechtwinklig auf der Umfangskomponente steht. Die Schnur zieht jetzt unter einem beliebigen Winkel an dem Bolzen und belastet gleichzeitig alle drei Meßdosen. Stehen Umfangskraft und Radialkraft senkrecht zueinander, so muß

$$\sqrt{(P_a + P_b)^2 + R^2} = G \text{ sein.}$$

Dies ließ sich durch leichtes Drehen des Winkelhebels der Meßdose c nach wenigen Versuchen erreichen.

In Diagrammblatt 1 ist das Ergebnis der Eichungen in Diagrammform dargestellt. Die Eichkurven sind immer Gerade, bei direkter und bei indirekter Belastung.

B. Untersuchung der Strömung im Schaufelraum.

(Hierzu Abb. 2 und 6.)

Wie die ersten Versuche zeigten, ist die Gleichmäßigkeit der Wasserverteilung im Schaufelraum hauptsächlich abhängig von der Art und Weise, wie der Verteilring t und e das Wasser nach den einzelnen Punkten des Umfangs leitet.

Der Verteilring erhielt nach einigen Umänderungen die in Abb. 2 und Lichtbildtafel gezeigte Form. In dieser Form ergab sich schon eine annähernd befriedigende Wasserverteilung längs des Umfangs. Jedoch waren genaue Geschwindigkeitsmessungen noch nicht möglich, weil das Wasser stark mit Luft vermischt war.

Die Ursache dieser Erscheinung war folgende: Das Wasser bildete an der Kante v beim Durchgang durch den Spalt f einen freien Strahl, welcher ziemlich lang mit Luft in Berührung kam und diese mit in den Einlaufring l hineinriß. Zur Beseitigung dieses Mißstandes wurden folgende Maßregeln ergriffen (Abb. 6):

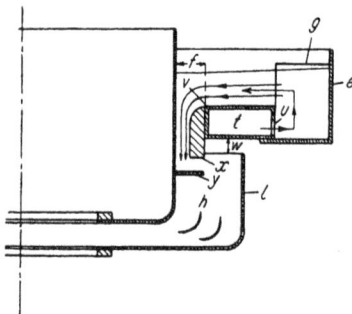

Abb. 6.

Der Spalt f wurde durch eine rund herumlaufende Einlage x verengt; diese Einlage wurde nach unten so lang gemacht, daß sie in den Wasserspiegel im Einlaufring l eintaucht. Der Weg durch den Spalt f war jetzt ein geschlossener Kanal; das Wasser kam auf diesem Wege nicht mehr mit Luft in Berührung. Um den durch den Spalt f herabkommenden Wasserstrahl auf die ganze Breite des Einlaufringes l zu verteilen, wurde ein grobes Sieb y angebracht, das sich über die Hälfte der Breite erstreckt.

Nach diesen Änderungen war das Wasser im Schaufelraum zum größten Teil luftfrei. Nur an einzelnen Stellen waren noch Luftblasen zu beobachten; diese konnten durch örtliche Maßnahmen beseitigt werden.

Jetzt konnte die Geschwindigkeitsverteilung längs des Umfangs durch genaue Messungen geprüft werden. Diese Messungen wurden mit Pitotrohren an 6 Stellen des Umfangs vorgenommen (Diagrammblatt 2). Die Messungen ergaben nach kleinen, örtlichen Verbesserungen die im Diagrammblatt 2 gezeigte Geschwindigkeitsverteilung. Wie man sieht, sind die größten Abweichungen der gemessenen von der mittleren Geschwindigkeit ungefähr 2 bis 3%. Dies konnte als genügend gleichmäßige Verteilung angesehen werden.

Längs des Querschnitts, also in senkrechter Richtung (z-Richtung) konnten von vornherein keine merklichen Geschwindigkeitsunterschiede festgestellt werden, was wohl auf die günstige Wirkung der Umlenkschaufeln h zurückzuführen ist.

III. Abschnitt.

Die Hauptversuche.

A. Die Art der Durchführung der Versuche.

1. **Das Schaufelprofil.** Für die Wahl des ersten Versuchsschaufelprofils war folgende Absicht maßgebend: Es soll eine Schaufelform untersucht werden, die für Radialturbinen mit verhältnismäßig großer Schaufelzahl sowohl als Laufradschaufel als auch als Leitradschaufel ausgeführt werden könnte, die aber auch für ein Gitter mit wenigen Schaufeln nicht zu extreme Verhältnisse ergibt. Diese Absicht führte zu der Wahl des in Abb. 8 dargestellten Profils.

Die Schaufel ist aus Blech gebogen; ihre Herstellung ist deshalb ziemlich einfach.

Beide Schaufelenden sind spitz, damit die Vorgänge am Schaufelkopf und am Schaufelende möglichst eindeutig zum Ausdruck kommen.

2. **Der Verlauf der Messungen.** Die Messungen wurden bei 7 verschiedenen Schaufelzahlen vorgenommen, nämlich bei $z = 1, 3, 6, 9, 12, 18, 24$ Schaufeln. Die Versuchswerte für $z = 1$ wurden dabei in der Weise erhalten, daß an jeder der drei Meßstellen eine einzelne Schaufel für sich gemessen wurde; die Versuchswerte für $z = 1$ sind also ebenfalls Mittelwerte aus den Messungen an den drei Meßstellen wie bei den größeren Schaufelzahlen. Bei jeder Schaufelzahl wurde mit Anstellwinkeln von -10^0 bis $+70^0$ gemessen, und zwar mit Abständen von je 5^0 von Messung zu Messung.

Die Wassermenge wurde annähernd konstant gehalten (ca. 85 l/s), damit die Messungen möglichst gleichmäßig wurden.

B. Die Umrechnung der Versuchsergebnisse.

1. **Tabelle der Bezeichnungen:**

P = resultierende Schaufelkraft,

A = tangentiale Komponente von P = Umfangskraft,

R = radiale Komponente von P = Radialkraft,

R_i = kleinste mögliche Radialkraft,

M = Drehmoment der einzelnen Schaufelkraft, auf die Gitterachse bezogen,

z = Anzahl der Schaufeln im Gitter,

$z \cdot R$ = Gitterradialkraft = algebraische Summe der Schaufelradialkräfte R,

$z \cdot R_i$ = kleinste mögliche Gitterradialkraft,

$z \cdot M$ = Gittermoment = Summe der Schaufelkraftmomente M,

c_a = Umfangskraftbeiwert; $C_a = 1000\, c_a$,

c_r = Radialkraftbeiwert; $C_r = 1000\, c_r$,

c_{ri} = Beiwert der kleinsten möglichen Schaufelradialkraft; $C_{ri} = 1000\, c_{ri}$,

c_m = Schaufelmomentenbeiwert; $C_m = 1000\, c_m$,

$z \cdot c_r$ = Beiwert der Gitterradialkraft; $z \cdot C_r = 1000\, z \cdot c_r$,

$z \cdot c_{ri}$ = Beiwert der kleinsten möglichen Gitterradialkraft; $z \cdot C_{ri} = 1000\, z \cdot c_{ri}$,

$z \cdot c_m$ = Gittermomentenbeiwert; $z \cdot C_m = 1000\, z \cdot c_m$,

c = Wassergeschwindigkeit,

c_r = radiale Komponente von c,
c_u = Umfangskomponente von c,
 Index 1 für den Raum vor dem Gitter,
 Index 2 für den Raum hinter dem Gitter,
Q = Wassermenge in m³/s,
γ = spez. Gewicht des Wassers in kg/m³,
g = Erdbeschleunigung in m/s²,

2. Die Umrechnung der Versuchswerte: Um Messungsergebnisse von verschiedenen Gittern vergleichen zu können, muß man sie auf eine einheitliche Basis umrechnen; diese Umrechnung hat sich zu erstrecken auf die Abmessungen des Gitters, die durchströmende Menge, die Dichte der Flüssigkeit. Denn die Kräfte, die eine strömende Flüssigkeit auf ein Gitter ausübt, hängen ab von der in der Zeiteinheit durchströmenden Menge $Q\left(\dfrac{\text{m}^3}{\text{s}}\right)$, der Geschwindigkeit (m/s) und der Dichte der Flüssigkeit $\dfrac{\gamma}{g}\left(\dfrac{\text{kg} \cdot \text{s}^2}{\text{m}^3 \cdot \text{m}}\right)$; die Geschwindigkeit ist direkt proportional der Menge Q, indirekt proportional einer geeigneten Gitterfläche; als solche wird gewählt $r \cdot b$, weil man die Größenverhältnisse eines Kreisgitters zweckmäßig durch r und b festlegt.

Also:
$$c \sim \frac{Q}{r \cdot b} \text{ und } P \sim \frac{Q \cdot \gamma}{g} \cdot \frac{Q}{r \cdot b} = \frac{Q^2 \cdot \gamma}{g \cdot r \cdot b} \frac{\text{m}^6 \cdot \text{kg} \cdot \text{s}^2}{\text{s}^2 \cdot \text{m}^3 \cdot \text{m} \cdot \text{m}^2}.$$

Dieser Ausdruck hat die Dimension einer Kraft; die tatsächliche Größe von P hängt dann nur noch ab von einem dimensionslosen Beiwert, der mit der jeweiligen Gestalt des Gitters zusammenhängt. Zerlegt man die Gesamtkraft P in Umfangskraft A und Radialkraft R, so gilt das für P Gesagte auch für A und R allein.

Das Moment, das die Strömung auf das Gitter ausübt, ändert sich nur mit A, γ/g und b; denn das Moment ist gleich $A \cdot r$ und das ist unter sonst gleichen Verhältnissen konstant. Also ist M proportional $\dfrac{Q^2 \cdot \gamma}{b \cdot g} \dfrac{\text{m}^6 \cdot \text{kg} \cdot \text{s}^2}{\text{s}^2 \cdot \text{m}^3 \cdot \text{m} \cdot \text{m}}$. Dieser Ausdruck hat die Dimension eines Moments. Das tatsächliche Moment ist gleich dem obigen Ausdruck $\dfrac{Q^2 \cdot \gamma}{b \cdot g}$, multipliziert mit einem dimensionslosen Beiwert, der nur von der Gestalt des Gitters abhängt.

Die Beiwerte für Kräfte und Momente sind kennzeichnend für die Eigenschaften eines Schaufelgitters. Sie werden erhalten, indem man die an dem Versuchsapparat gemessenen Kräfte und Momente nach obiger Vorschrift umrechnet. Gebraucht man die in der Tabelle B 1 angeführten Bezeichnungen, so erhält man also:

$$C_a = \frac{1000\,A}{\dfrac{Q^2 \cdot \gamma}{b \cdot r \cdot g}}; \quad C_r = \frac{1000\,R}{\dfrac{Q^2 \cdot \gamma}{b \cdot r \cdot g}}; \quad C_m = \frac{1000\,M}{\dfrac{Q^2 \cdot \gamma}{b \cdot g}}.$$

Das Gitter vom Radius 1 m und der Breite 1 m, auf das diese Werte bezogen sind, soll als Einheitsgitter bezeichnet werden. Sämtliche bei den Versuchen gemessenen Größen sind nach den vorstehenden Gleichungen auf das Einheitsgitter umgerechnet und in den Diagrammblättern 3 bis 11b in Form von Kurven dargestellt.

C. Beschreibung und Erklärung der Kurven.

Um mit den Versuchsergebnissen an den in der Einleitung angeführten Impulsmomentensatz anzuknüpfen, beginnt die Beschreibung der Kurvenblätter mit der Betrachtung der tangentialen Kräfte.

I. Betrachtung der tangentialen Kräfte.

Wir betrachten die gesamten Gitterkräfte als Summe der einzelnen Schaufelkräfte. Diese sind abhängig von der jeweiligen Lage der Schaufel gegenüber der anströmenden Flüssigkeit und von der Art und Weise, wie sich die benachbarten Schaufeln gegenseitig beeinflussen. Die Lage der Schaufel wira gekennzeichnet durch den Anstellwinkel α; der Einfluß der gegenseitigen Nachbarschaft wird abhängen von dem Abstand t zwischen zwei Schaufeln und der Länge l der Schaufeln, also von $\frac{t}{l}$. In welcher Weise diese beiden Größen, α und $\frac{t}{l}$, bei unserem Profil an der einzelnen Schaufel in Erscheinung treten, wird in den Diagrammblättern 3 bis 5 gezeigt. Die Diagramme enthalten jeweils α oder $\frac{t}{l}$ als Abszissen. Als Ordinaten erscheinen in diesen Diagrammen Größen, die sich auf die einzelne Schaufel im Kreisgitter beziehen.

Diagrammblatt 3 zeigt den Momentenbeiwert C_m als Funktion des Anstellwinkels α. Das einzelne, von keiner Nachbarschaufel beeinflußte Profil zeigt hier ein ganz ähnliches Verhalten wie ein Flugzeugflügel im parallelen Luftstrom. Auffallend ist, daß C_m erst bei einem Anstellwinkel von 35⁰ abzunehmen beginnt, während die Auftriebsbeiwerte von Flugzeugflügeln im allgemeinen schon bei 15 bis 18⁰ ihr Maximum erreichen (L. 16). Das Abnehmen des Auftriebs, das beim Überschreiten eines bestimmten Anstellwinkels eintritt und gewöhnlich als „Abreißen der Strömung" bezeichnet wird, kann folgendermaßen erklärt werden (L. 15): Auf der Saugseite steigt der Druck nach dem Flügelende zu an, und zwar um so stärker, je größer der Anstellwinkel ist. Die längs der Flügeloberfläche gleitende Grenzschicht wird durch die Reibung an der festen Wand bedeutend stärker verzögert als die freie Strömung und ihre lebendige Kraft reicht nicht aus zum Eindringen in das Gebiet höheren Druckes. Sie staut sich deshalb an der Wand auf, kommt sogar zum Rückströmen und verursacht dadurch Wirbel, die das Strömungsbild auf der Saugseite stark verändern und eine Abnahme des Auftriebs verursachen (Abb. 7).

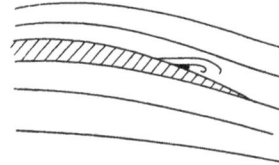

In der ungestörten Quellströmung ist nach der Bernoullischen Gleichung Druckabnahme mit abnehmendem Radius, also hier nach dem Schaufelhinterende zu, vorhanden. Diese Druckabnahme lagert sich über die Druckverteilung längs der Schaufel; daher ist auf der Schaufelrückseite kein so starker Druckanstieg vorhanden wie in der parallelen Strömung, und das Abreißen tritt infolgedessen erst bei größeren Anstellwinkeln auf.

Abb. 7.

Im Diagrammblatt 4 ist der Einfluß des Gitterverhältnisses $\frac{t}{l}$ auf die Größe von C_m oder, was dasselbe ist, auf die erzeugte Zirkulation um die Schaufel, zu sehen. Man erkennt ein ziemlich schnelles Anwachsen der Zirkulation mit zunehmendem Schaufelabstand bis in die Gegend, wo die Schaufelteilung t ungefähr gleich der doppelten Schaufellänge, also das Gitterverhältnis $\frac{t}{l}$ gleich 2 ist. Der Einfluß der benachbarten Schaufeln ist also in diesem Bereich sehr merklich. Bei noch größer werdender Teilung geht die Zunahme der Zirkulation nur noch sehr langsam vor sich.

Das „Abreißen" der Strömung äußert sich in diesen Kurven dadurch, daß bei Anstellwinkeln, die größer als 35⁰ sind, das Maximum der Zirkulation nicht bei der Schaufelzahl $z = 1$, sondern bei einer größeren Schaufelzahl liegt.

Diagrammblatt 5 zeigt noch die prozentuale Änderung der Zirkulation unter der Einwirkung des Gitterverhältnisses $\frac{t}{l}$. Zum Vergleich ist darunter die von Kutta für ein gerades Gitter errechnete Kurve gezeichnet (L. 9), welche die Veränderung des Seitenkraftbeiwertes einer Platte in einem Gitter, das sich in einer Potentialströmung befindet, abhängig vom Gitterverhältnis $\frac{t}{l}$ darstellt. Der prinzipiell ähnliche Verlauf der experimentell gemessenen und der rechnerisch gefundenen Kurve läßt darauf schließen, daß die Strömung in unserem Kreisgitter innerhalb bestimmter Grenzen einer Potentialströmung sehr ähnlich ist.

In den Diagrammblättern 6 bis 8 ist die Wirkung der Quellströmung auf das gesamte Kreisgitter, also die Summe aller Einzelwirkungen dargestellt. Bei unendlich großer Schaufelzahl, d. h. bei einer Strömung, in der jeder Stromfaden das Gitter mit demselben Drall verläßt, ist bei konstanter Wassermenge der Austrittsdrall eine Funktion des Austrittswinkels β_2. Der Austrittsdrall im Einheitsgitter ist $z \cdot C_m$, und der Austrittsdrall im Einheitsgitter mit unendlicher Schaufelzahl ist $\dfrac{\cot g \beta_2}{2\pi}$. Das gemessene $z \cdot C_m$ ist der mittlere Austrittsdrall des Einheitsgitters mit endlicher Schaufelzahl.

Für die Berechnung des Austrittsdralles bei unendlicher Schaufelzahl ist als Austrittsrichtung die der Winkelhalbierenden am Schaufelhinterende (nach Abb. 8) genommen. Ob diese Richtung genau der Austrittsrichtung einer unendlich dünnen Schaufel entspricht, ist nicht ganz sicher. (Vgl. die Kurve für $z = 24$ in Diagrammblatt 6.)

Im Diagrammblatt 6 und 7 wird die Abhängigkeit des Gittermoments ($z \cdot C_m$) von der Schaufelstellung bei verschiedenen Schaufelzahlen gezeigt. Blatt 6 zeigt den Verlauf von $z \cdot C_m$ als Funktion des Anstellwinkels α. Bei großer Schaufelzahl ist tatsächlich eine starke Annäherung an die Kurve für $z = \infty$ zu bemerken. Der Einfluß des Abreißens der Strömung macht sich natürlich auch hier wieder in der schon früher festgestellten Weise geltend.

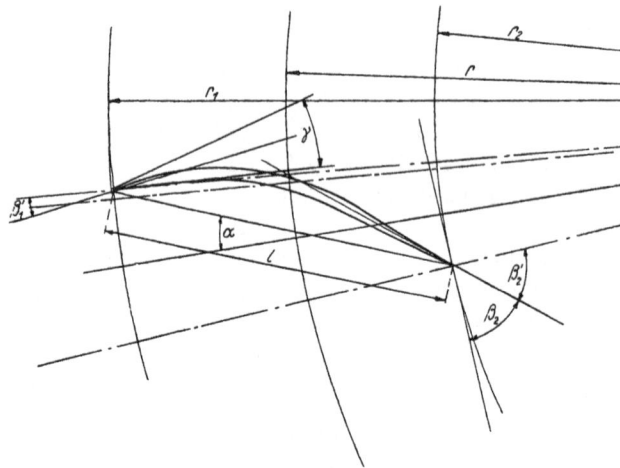

Abb. 8.

In ähnlicher Weise ist in Diagrammblatt 7 der Austrittsdrall als Funktion der cotg des Austrittswinkels β_2 gezeichnet. Das zu gegebenem α gehörige β_2 ist zeichnerisch ermittelt. Man sieht hier also, welcher mittlere Austrittsdrall bei einer gegebenen Schaufelform, Schaufelzahl und gegebenem Austrittswinkel β_2 (bzw. cotg β_2) erzeugt werden kann. Für $z = \infty$ ist die Kurve eine Gerade. Bei endlicher Schaufelzahl ist innerhalb gewisser Grenzen ebenfalls ein ziemlich genau geradliniger Verlauf der Kurven festzustellen, und zwar sind diese Grenzen um so weiter, je größer die Schaufelzahl. Das Abbiegen von dieser Geraden erfolgt ziemlich plötzlich, wenigstens bei mehr als 6 Schaufeln. Es lassen sich hieraus Schlüsse darauf ziehen, innerhalb welcher Grenzen tangentiales Abströmen am Hinterende der Schaufel vorhanden ist und die Strömung einer Potentialströmung gleich oder wenigstens ähnlich ist. Man darf aber hierbei nicht den Einfluß übersehen, den die Vorgänge am Schaufelkopf ausüben; hierüber sollen weiter unten genauere Betrachtungen angestellt werden.

Diagrammblatt 8 enthält eine Darstellung des Austrittsdralles in Abhängigkeit vom Gitterverhältnis $\dfrac{t}{l}$. Sämtliche Kurven beginnen mit einem Höchstwert, der bei $\dfrac{t}{l} = 0$, also bei $z = \infty$ liegt und durch den jeweiligen, zu α gehörigen Austrittswinkel β_2 vorgeschrieben ist. In diesem Blatt sind die Kurven nur so weit gezeichnet, als mit zunehmendem Anstellwinkel der Drall größer wird. Die Teile der Kurven, die infolge des Abreißens der Strömung die anderen Kurven kreuzen, sind der Deutlichkeit halber weggelassen.

Diagrammblatt 9 zeigt die Veränderung der Lage der Umfangskomponente, vom Schaufeldreh-punkt aus gerechnet, als Funktion des Gitterverhältnisses $\frac{t}{l}$. Da die Radialkomponente immer die gleiche Lage und Richtung hat, ist durch Angabe der Lage der Umfangskomponente auch die Gesamtkraft festgelegt.

II. Betrachtung der radialen Kräfte.

Wie man durch den Impulsmomentensatz sofort genauen Aufschluß erhält über die tangential gerichteten Kräfte in einem Kreisgitter, wenn man im Gitter unendlich viele Schaufeln annimmt, so gelangt man mit dieser Annahme auch zu einer einfachen Berechnung der radialen Kräfte. Die Schaufeln können dann nämlich beliebig kurz gedacht werden, so daß das Gitter im Grenzfall die Form einer Kreiszylinderfläche annimmt. Diese Fläche ist dann eine Unstetig-keitsfläche für die Umfangskomponenten der Geschwindigkeit.

Bei den vorliegenden Versuchen ist die Zuströmung radial (Abb. 9); die Geschwindigkeit beim Eintritt in die Unstetigkeitsfläche ist c_{r_1} und der Druck $p_1 = C - \frac{\gamma}{2g} c_{r_1}^2$. Beim Austritt aus der Fläche hat die Ge-schwindigkeit eine Umfangskomponente c_u; die radiale Komponente c_{r_2} kann gleich c_{r_1} gesetzt werden. Der Druck auf der Innenseite der Fläche

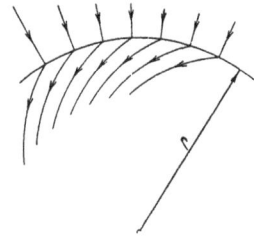

Abb. 9.

ist $p_2 = C - \frac{\gamma}{2g} (c_{r_2}^2 + c_u^2)$. Es herrscht also zwischen Außen- und Innenseite der Fläche ein Druckunterschied $\Delta p = p_1 - p_2 = \frac{\gamma}{2g} c_u^2$.

Auf eine kreisförmige Unstetigkeitsfläche vom Radius r und der Breite b wirkt somit eine Radialkraft $P_r = 2r\pi b \cdot \frac{\gamma}{2g} c_u^2$ oder $P_r = \frac{\pi \cdot b \cdot \gamma}{g} \cdot \frac{(c_u \cdot r)^2}{r}$.

Die radiale Kraft ist also von dem in der Unstetigkeitsfläche erzeugten Drall und dem Radius der Fläche abhängig. Sie ist die kleinste Radialkraft, die im Idealfalle mit der Erzeugung eines bestimmten Dralls verbunden ist. Um den Vergleich der gemessenen mit der idealen Radialkraft R_i möglich zu machen, wurde also das Schaufelgitter durch eine Unstetigkeitsfläche ersetzt. Als Radius ist dabei der Radius des Schaufelbolzenkreises gewählt worden.

Wir betrachten nun die Ergebnisse der Radialkraftmessungen, die in den Diagrammblät-tern 10a bis 11b enthalten sind. Die Werte in diesen Diagrammen sind wieder die auf das Einheits-gitter bezogenen Beiwerte. Für die ideale Radialkraft ergibt sich unter Benützung der Bezeich-nungen der Tabelle:

$$z \cdot R_i = \pi \cdot b \cdot \frac{\gamma}{g} \cdot \frac{(c_u \cdot r)^2}{r};$$

$$z \cdot C_r = \frac{z \cdot R \cdot 1000}{\frac{Q^2 \cdot \gamma}{b \cdot r \cdot g}};$$

$$z \cdot C_{ri} = \frac{\pi \cdot b \cdot \gamma}{g} \cdot \frac{(c_u \cdot r)^2}{r} \cdot \frac{b \cdot r \cdot g}{Q^2 \cdot \gamma} = \pi \frac{b^2}{Q^2} (c_u \cdot r)^2 \frac{m^2 s^2 \cdot m^4}{m^6 \cdot s^2}.$$

In den Diagrammen 10 und 11 ist der Momentenbeiwert als Funktion des Radialkraftbei-wertes gezeichnet in Anlehnung an die Darstellung im Polardiagramm in der Flugtechnik (L. 16). Man muß also $z \cdot c_{ri}$ als Funktion von $z \cdot c_m$ ausdrücken; da $z \cdot c_m$ der Drall ist, der bei einer Menge von 1 m³/s bei einer Gitterbreite von 1 m erzeugt wird, so folgt aus obiger Gleichung mit $Q = 1$ und $b = 1$ und $c_u \cdot r = z \cdot c_m : 1000 \cdot z \cdot c_{ri} = 1000 \pi \cdot (z \cdot c_m)^2$ oder

$$z \cdot C_{ri} = \frac{\pi (z \cdot C_m)^2}{1000}.$$

Für die einzelnen Schaufeln gilt: $C_{ri} = \frac{\pi \cdot z \cdot C_m^2}{1000}$.

In Diagrammblatt 10a u. 10b ist der Drall $z \cdot c_m$ als Funktion der Gitterradialkraft dargestellt. Da bei den einzelnen Schaufelzahlen die Zahlenwerte sehr stark verschieden sind, mußten verschiedene Maßstäbe genommen werden, damit die Deutlichkeit nicht beeinträchtigt wurde. Das Abreißen der Strömung macht sich hier dadurch bemerkbar, daß die Radialkraftkurve immer stärker von der der idealen Radialkraft abbiegt. Dasselbe kommt in den Diagrammen 11a u. 11b zum Ausdruck, in denen die Schaufelradialkraft und der Schaufelmomentenbeiwert c_m enthalten sind. In diesen beiden Diagrammen ist zu beachten, daß zu jeder Schaufelzahl eine besondere c_{ri}-Kurve gehört.

Es soll nun versucht werden, aus dem Verlauf der Kurven in den Polardiagrammen einige Schlüsse auf den Einfluß der Profilform zu ziehen.

Man sieht in den Kurven verschiedene Knickstellen, die um so stärker ausgeprägt sind, je kleiner die Schaufelzahl ist. Nach diesen Knickstellen kann man die Kurven in verschiedene Äste einteilen. So sieht man bei allen Kurven zuerst eine Annäherung an die c_{ri}-Kurve bis zu einem Punkte oder einem Gebiet kleinsten Abstands. Hier ist das Ende des ersten Kurvenastes; es liegt verschieden je nach der Schaufelzahl, und zwar

$$
\begin{array}{lll}
\text{für } z = 1 & \text{bei } \alpha = 0 \\
z = 3 & \text{,,} \quad \alpha = 5 \\
z = 6 \text{ u. } 9 & \text{,,} \quad \alpha = 10 \\
z = 12 \text{ u. } 18 & \text{,,} \quad \alpha = 10\text{---}15 \\
z = 24 & \text{,,} \quad \alpha = 15
\end{array}
$$

Von diesem Punkt an ist bei allen Kurven wieder langsames Abbiegen von der c_{ri}-Kurve zu beobachten. Dieses Abbiegen geht um so (verhältnismäßig) langsamer vor sich, je größer die Schaufelzahl wird. Bei den Schaufelzahlen 1 bis 9 ist es sehr deutlich ausgeprägt; bei den größeren Schaufelzahlen wird es immer schwächer, und teilweise laufen die c_r-Kurven parallel zu den c_{ri}-Kurven.

Das Ende dieses zweiten Kurvenastes liegt ebenfalls verschieden je nach der Schaufelzahl und befindet sich

$$
\begin{array}{lll}
\text{für } z = 1 & \text{bei } \alpha = 20^0 \\
z = 3 & \text{,,} \quad \alpha = 25^0{}_7 \\
z = 6 & \text{,,} \quad \alpha = 30^0 \\
z = 9,\ 12,\ 18 & \text{,,} \quad \alpha = 35^0 \\
z = 24 & \text{,,} \quad \alpha = 45^0
\end{array}
$$

Aus dem bis jetzt betrachteten Verlauf ist folgendes zu schließen:

Da im ersten Ast die Anstellwinkel und Abströmwinkel sehr klein sind und daher das Abströmen an der Hinterkante annähernd tangential erfolgen wird, so ist der Verlauf der Kurven in diesem Bereich auf die Vorgänge am Schaufelkopf zurückzuführen. Die Überkrümmung (Winkel β_1', Abb. 8) ist nämlich bei den kleinen Anstellwinkeln ziemlich stark und daher von schädlichem Einfluß auf die Zirkulation. Die Überkrümmung wird kleiner mit wachsendem Anstellwinkel, und ihre schädliche Wirkung nimmt ab. Am Ende des ersten Kurvenastes hört sie wahrscheinlich nahezu ganz auf.

Über den Verlauf des zweiten Kurvenastes ist folgendes zu sagen: Daß mit zunehmender Schaufelzahl das Abreißen der Strömung weniger bemerkbar wird, ist schon festgestellt worden. Dies äußert sich in den Polardiagrammen so, daß das Abbiegen von der c_{ri}-Linie bei einer einzelnen Schaufel am stärksten ist und mit zunehmender Schaufelzahl schwächer wird. Dies ist beim Vergleich der einzelnen Kurven im zweiten Kurvenast deutlich zu sehen. Dieser Umstand sowie die Tatsache, daß in diesem Bereich der Verlauf der gemessenen Kurven verhältnismäßig wenig von dem der c_{ri}-Kurven abweicht, berechtigt zu dem Schluß, daß der Verlauf im zweiten Kurvenast hauptsächlich durch die Vorgänge am Schaufelende beeinflußt wird und vom Schaufelkopf keine wesentlichen Wirkungen ausgehen. Dies entspricht dem „hydrodynamisch stoßfreien" Ein-

tritt (L. 3), und man kann demnach annehmen, daß im Bereich des zweiten Kurvenastes die Bedingung des hydrodynamisch stoßfreien Eintritts annähernd erfüllt ist.

Der dritte Kurvenast ist dadurch gekennzeichnet, daß die c_r-Kurven merklich stärker von
den c_{ri}-Kurven abbiegen. Man kann aus diesem stärkeren Abbiegen auf das Hinzukommen eines
zweiten Einflusses schließen, der das Abbiegen vergrößert. Dieser müßte nun wieder vom Schaufelkopf ausgehen, und das heißt, man hat sich beim Beginn des dritten Astes schon merklich von dem
Gebiet des stoßfreien Eintritts entfernt. Damit ist aus Anfang und Ende des zweiten Astes ein
Aufschluß gewonnen über die Grenzen, innerhalb deren bei unserem Schaufelprofil hydrodynamisch stoßfreier Eintritt erfolgt und wo diese Grenzen bei der jeweiligen Schaufelzahl liegen.

Diese Grenzen erscheinen, wenn man die obigen Zahlenangaben betrachtet, etwas weit. Hierbei ist jedoch zu bemerken, daß erfahrungsgemäß die Wirkung von vom Schaufelkopf ausgehenden
Wirbelablösungen nicht so stark bemerkbar wird wie von solchen am Schaufelende, wenigstens
nicht bei extremen Verhältnissen. Daher muß man annehmen, daß zwar wirklich stoßfreier Eintritt nur in einem enger begrenzten Bereich erfolgt, daß aber in den oben angegebenen Grenzen
die Wirkung des davon Abweichens noch nicht deutlich in Erscheinung tritt. Insbesondere ist
aus den Erfahrungen der Flugtechnik bekannt, daß eine etwas zu starke Überkrümmung weniger
schädlich ist als eine zu schwache (L. 5). Man muß daher das Gebiet des „hydrodynamisch
stoßfreien" Eintritts ungefähr in der zweiten Hälfte des zweiten Astes vermuten.

Der Verlauf des dritten Astes zeigt ein immer stärkeres Abbiegen von den c_{ri}-Kurven, das
bei den Schaufelzahlen 1 bis 9 sogar mit einem Abnehmen der Zirkulation endigt. Es ist nicht
möglich, zu sagen, in welcher Weise das Profil den Verlauf dieser Kurventeile bedingt, da die
Verhältnisse sich hier schon sehr extrem gestalten.

Diesen Betrachtungen über den Einfluß des Schaufelprofils kann man natürlich noch keine
absolute Gültigkeit zuschreiben. Erst wenn Messungen an einer größeren Anzahl von Profilen
ausgeführt sind, lassen sich bestimmtere Aussagen über den Einfluß der Schaufelform machen.

Literaturverzeichnis.

1. B a u e r s f e l d, Die Grundlagen zur Berechnung schnellaufender Kreiselräder (Z. d. V. D. I. 1922).
2. B e t z, Einführung in die Theorie der Flugzeugtragflügel (Die Naturwissenschaften 1918).
3. F ö t t i n g e r, Über die physikalischen Grundlagen der Turbinen- und Propellerwirkung („Verhandlungen der Versammlung von Vertretern der Flugwissenschaft am 3.—5. November 1911 zu Göttingen" 1913, München, R. Oldenbourg).
4. F ö t t i n g e r, Neue Grundlagen für die Behandlung des Propellerproblems (Jahrbuch der Schiffbautechnischen Gesellschaft 1918).
5. F u c h s und H o p f, Aerodynamik (Handbuch der Flugzeugkunde Bd. 2, 1922).
6. G r a m m e l, Die hydrodynamischen Grundlagen des Fluges 1917.
7. K ö n i g, Potentialströmung durch Gitter (Zeitschrift f. angew. Math. und Mechanik 1922).
8. K u c h a r s k i, Strömungen einer reibungsfreien Flüssigkeit bei Rotation fester Körper 1918.
9. K u t t a, Über ebene Zirkulationsströmungen nebst flugtechnischen Anwendungen (Sitzungsbericht der math.-phys. Klasse der bayr. Akademie der Wissenschaften 1911).
10. L a g a l l y, Über den Druck einer strömenden Flüssigkeit auf eine geschlossene Fläche (Sitzungsbericht der math.-phys. Klasse der bayr. Akademie der Wissenschaften 1921).
11. L a m b, Hydrodynamik 1907.
12. L a n c h e s t e r, Aerodynamik Bd. I u. II.
13. O e r t l i, Untersuchung der Wasserströmung durch ein rotierendes Zellen-Kreiselrad.
14. P r a n d t l, Tragflächenauftrieb- und Widerstand in der Theorie (Jahrbuch der Wissenschaftlichen Gesellschaft für Luftfahrt 1918).
15. P r a n d t l, Einige für die Flugtechnik wichtige Beziehungen aus der Mechanik (Zeitschrift für Flugtechnik und Motorluftschiffahrt 1910).
16. P r a n d t l, Ergebnisse der Aerodynamischen Versuchsanstalt zu Göttingen 1, 2 u. 3.
17. P r á š i l, Vergleichende Untersuchungen an Reaktionsniederdruckturbinen (Schweiz. Bauzeitung 1905).
18. S p a n n h a k e, Die Leistungsaufnahme einer parallelkränzigen Zentrifugalpumpe mit radialen Schaufeln (Festschrift der T. H. Karlsruhe 1925).

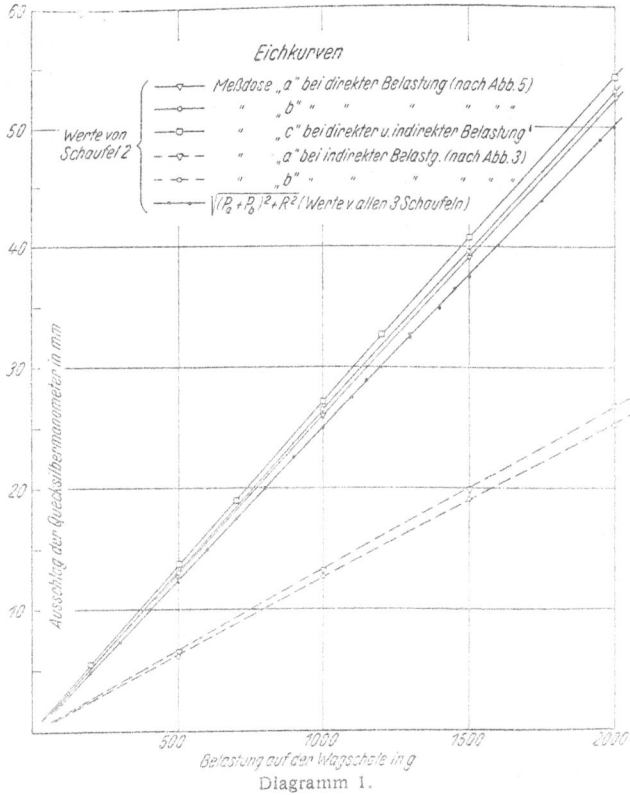

Eichkurven

Werte von Schaufel 2

Meßdose „a" bei direkter Belastung (nach Abb. 5)
„ „b" „ „ „
„ „c" bei direkter u. indirekter Belastung
„ „a" bei indirekter Belastg. (nach Abb. 3)
„ „b" „ „ „
$\sqrt{(P_2 + P_0)^2 + R^2}$ (Werte v. allen 3 Schaufeln)

Ausschlag der Quecksilbermanometer in mm

Belastung auf der Wagschale in g

Diagramm 1.

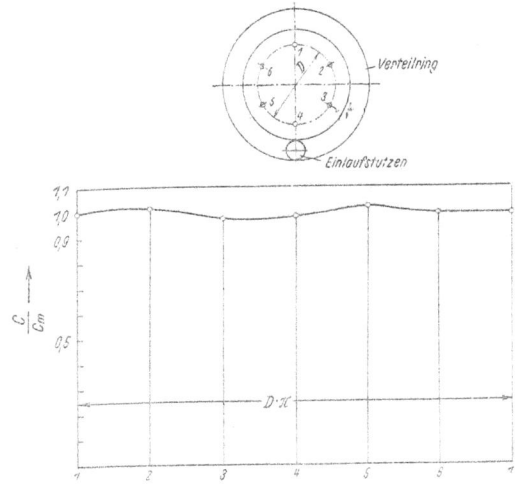

Diagramm 2.

Geschwindigkeitsverteilung im Schaufelraum.

C_m = mittl. Geschwindigkeit,
C = gemessene Geschwindigkeit.

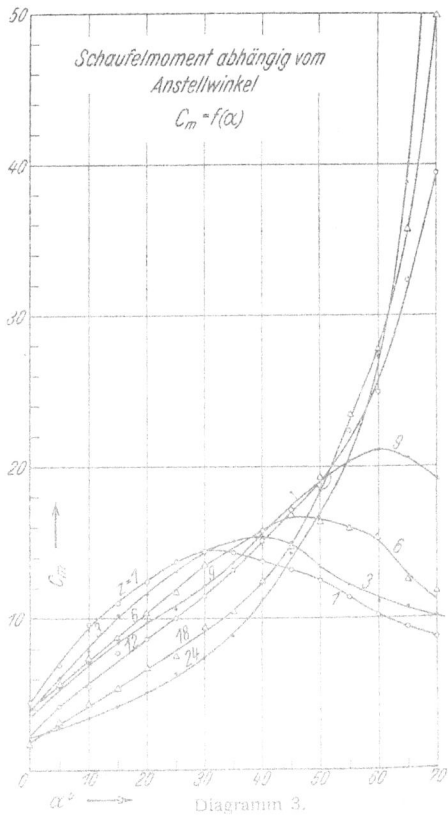

Schaufelmoment abhängig vom Anstellwinkel
$C_m = f(\alpha)$

Diagramm 3.

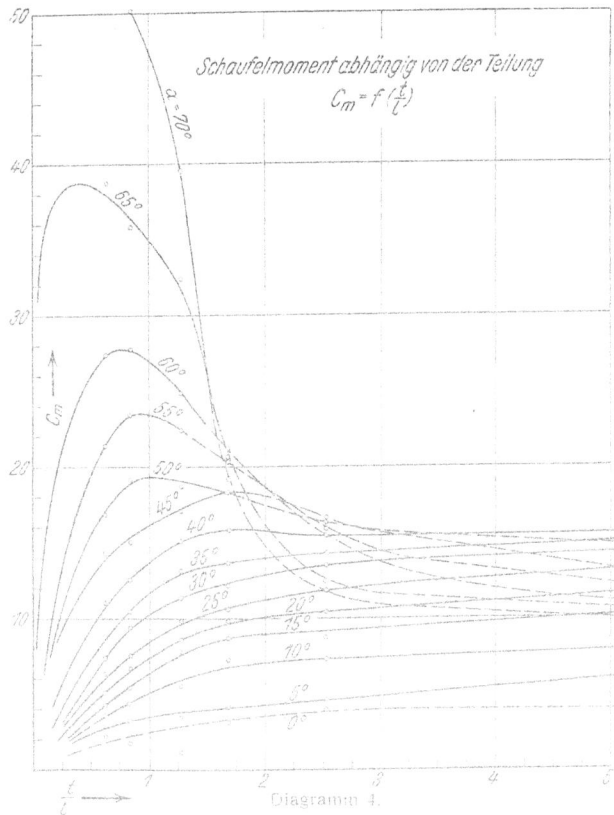

Schaufelmoment abhängig von der Teilung
$C_m = f\left(\frac{t}{l}\right)$

Diagramm 4.

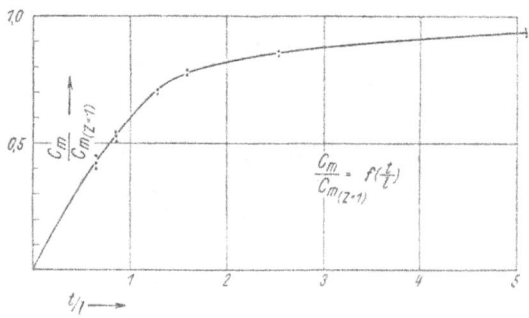

$$\frac{C_m}{C_{m(z=1)}} = f\left(\frac{t}{l}\right)$$

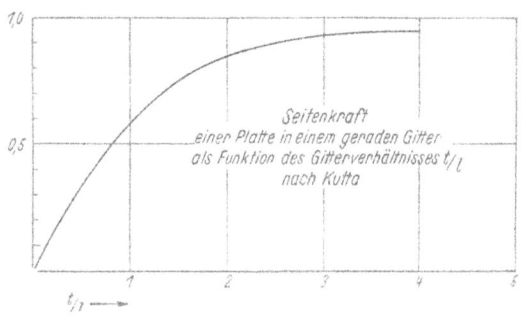

Seitenkraft
einer Platte in einem geraden Gitter
als Funktion des Gitterverhältnisses t/l
nach Kutta

Diagramm 5.

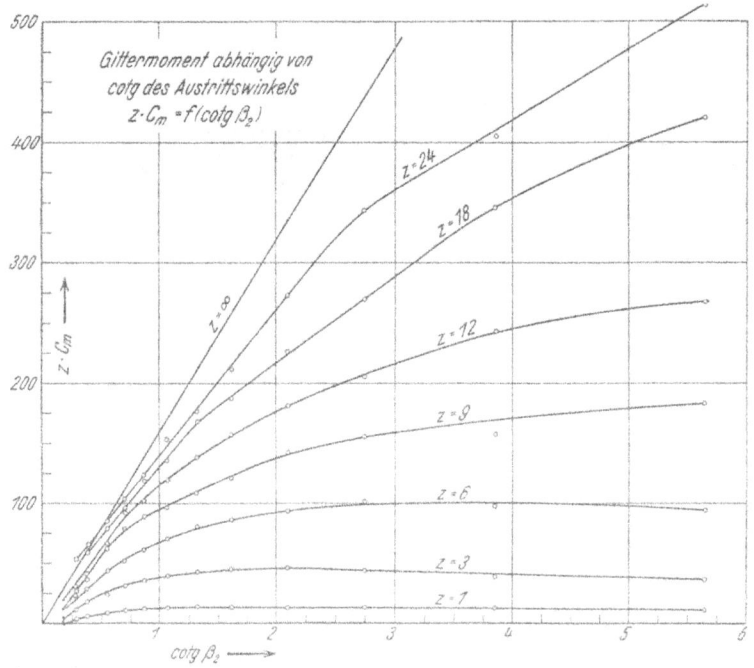

Gittermoment abhängig von
cotg des Austrittswinkels
$z \cdot C_m = f(\cotg \beta_2)$

Diagramm 7.

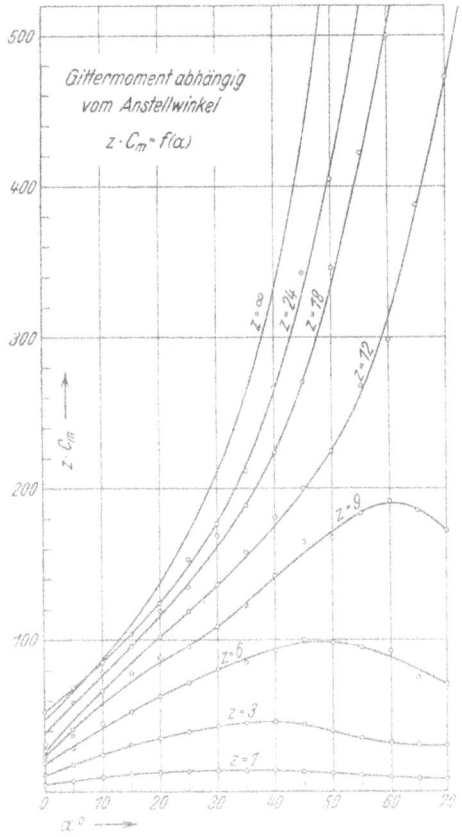

Gittermoment abhängig
vom Anstellwinkel
$z \cdot C_m = f(\alpha)$

Diagramm 6.

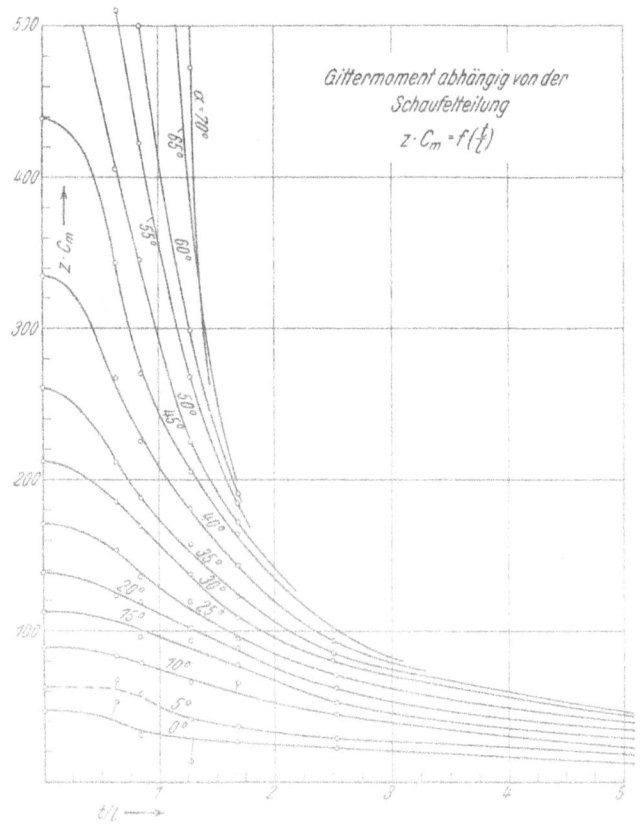

Gittermoment abhängig von der
Schaufelteilung
$z \cdot C_m = f\left(\frac{t}{l}\right)$

Diagramm 8.

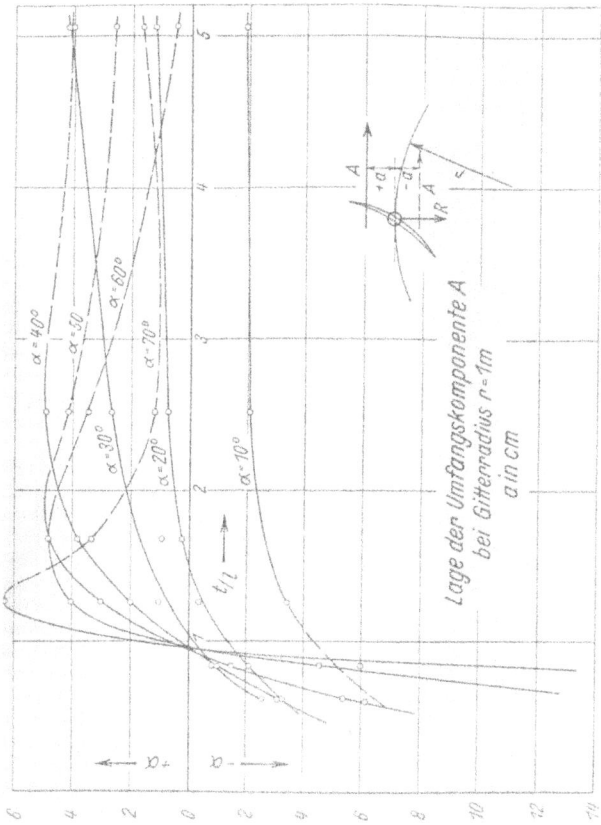

Lage der Umfangskomponente A
bei Gitterradius r=1m
a in cm

Diagramm 9.

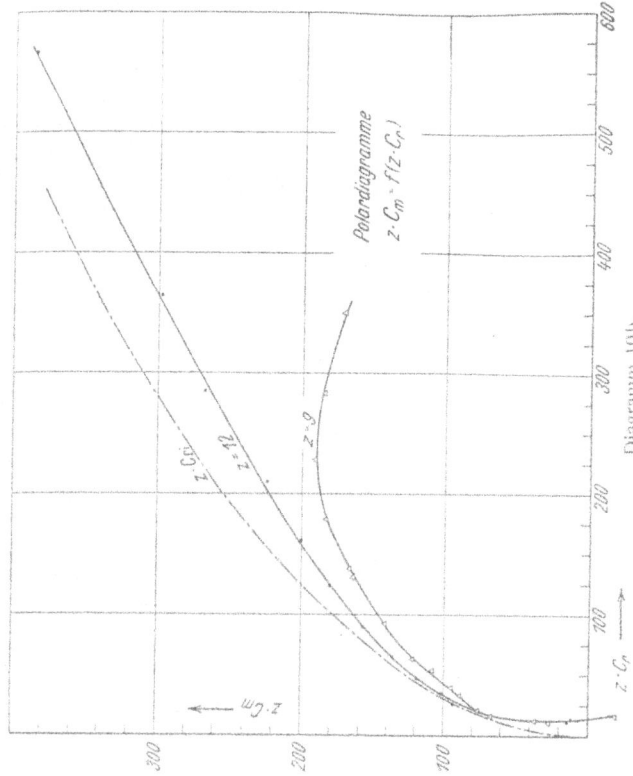

Polardiagramme
$z \cdot c_m = f(z \cdot c_r)$

Diagramm 10b.

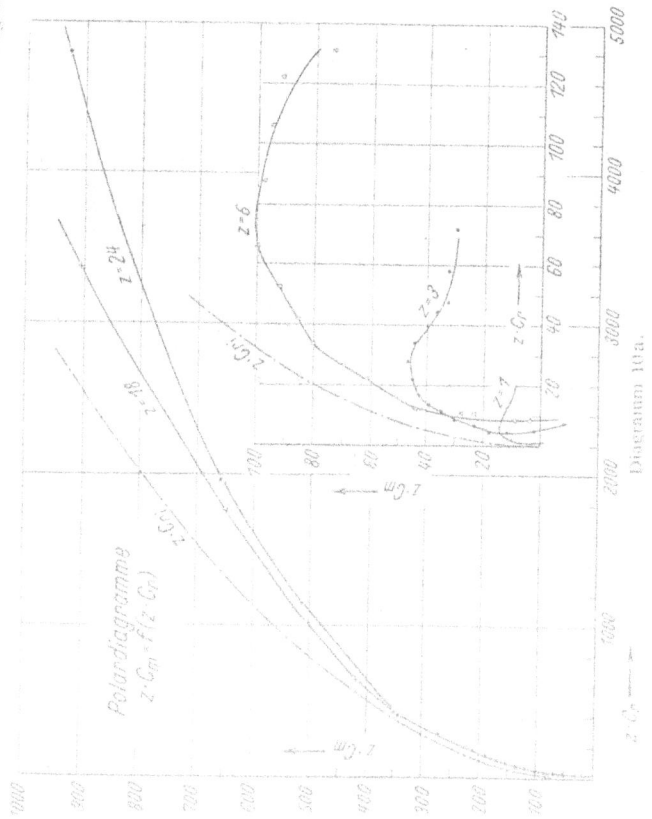

Polardiagramme
$z \cdot c_m = f(z \cdot c_r)$

Diagramm 10a.

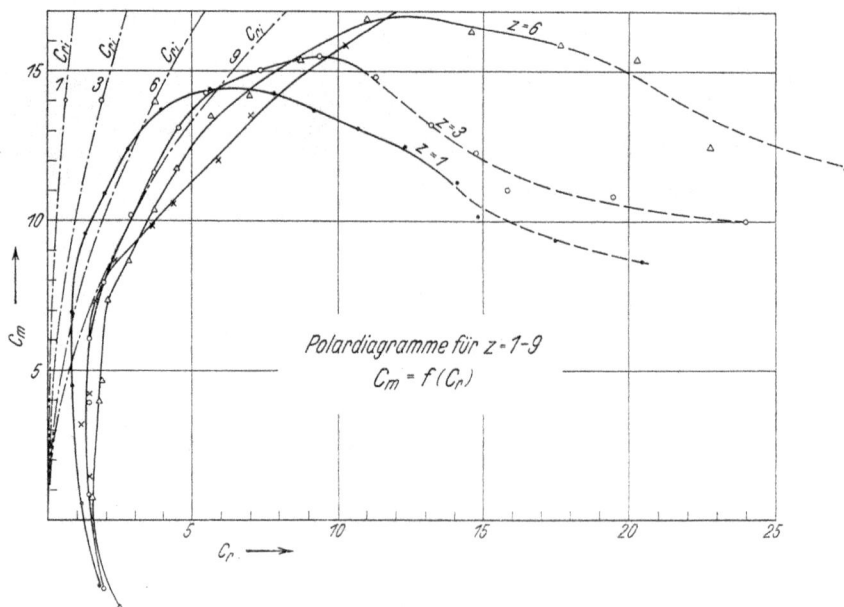

Diagramm 11 a.

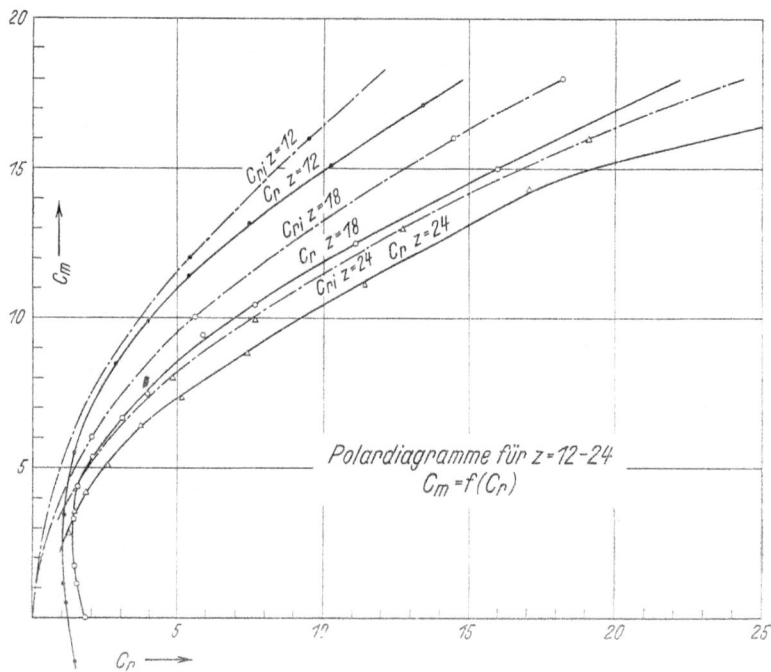

Diagramm 11 b.

Gesamtansicht

Schaufelwaage

Draufsicht

Die wirtschaftlich günstigsten Rohrweiten

Ihre Bestimmung für die Fortleitung von Wasser, Wasserdampf und Gas
Von Dr.-Ing. R. BIEL.   Im Druck.

Wehre und Sohlenabstürze

Berechnung der Unterwasserspiegellage und Kolktiefe bei den verschiedenen Abflußarten. Von Dr.-Ing. JOSEF EINWACHTER.
68 S., 35 Textabb., 6 Tafeln mit 22 Abb., 10 Zahlentaf. Gr.-8⁰. 1930. Brosch. M. 7.—

INHALT: I. Teil: Der Abfluß des Wassers bei Wehren und der dabei auftretende Wechsel des Fließzustandes A. Allgemeines über Wasserbewegung in offenen Gerinnen. II. Teil: Versuche über die verschiedenen Arten des Wechselsprunges. A. Beschreibung der Versuchsanlage. III. Teil: Untersuchungen über den Abflußwechsel bei Sohlenabstürzen. A. Allgemeines über die Abflußweise des Wassers bei Sohlenabstürzen. B. Berechnung der kritischen Unterwassertiefe tu_1 beim Abflußwechsel vom getauchten in den gewellten Strahl. C. Bestimmung der kritischen Unterwassertiefe tu_2 beim Übergang vom gewellten in den getauchten Abfluß. D. Die Versuche über den Wechsel der Abflußarten. IV. Teil: Über die Sohlenauskolkungen bei Wehren. A. Berechnung der beim Abflußwechsel entstehenden Kolktiefen. B. Versuche über die Sohlenauskolkungen bei Wehren mit erhöhtem ebenen Schußboden. C. Einfluß der Unterwasserspiegellage auf die Sohlenauskolkungen bei Wehren mit ebenem auf Flußsohlenhöhe liegendem Schußboden. D. Verminderung der Sohlenauskolkungen bei Wehren durch Zahnschwellen und ihre Wirkung bei den verschiedenen Abflußarten. E. Schlußfolgerungen.

Mitteilungen des hydraulischen Instituts der Techn. Hochschule München. Herausg. vom Institutsvorstand Prof. Dr.-Ing. D. THOMA.

Heft 1: 95 S., 84 Abb., 1 Tafel. Lex.-8⁰. 1926. Brosch. M. 5.80.
Heft 2: 79 S., 88 Abb. Lex.-8⁰. 1928. Brosch. M. 5.80.
Heft 3: 169 S., 233 Abb. Lex.-8⁰. 1929. Brosch. M. 12.—.

Forschungsinstitut für Wasserbau und Wasserkraft e. V. München

Mitteilungen. Heft 1: Untersuchungen der Überfallkoeffizienten und der Kolkbildungen am Absturzbauwerk I im Semptflutkanal der „Mittleren Isar". Vergleich zwischen Modell und Wirklichkeit. Ein Beitrag zur Kritik der Wassermessung mittels Überfall.
Von Dr.-Ing. O. KIRSCHMER.   44 S., 44 Abb., 1 Tafel. Lex.-8⁰. 1928. Brosch. M. 4.50.

Luftfahrtforschung

Berichte der Deutschen Versuchsanstalt für Luftfahrt, E. V., Berlin-Adlershof (DVL), der Aerodynamischen Versuchsanstalt zu Göttingen (AVA), des Aerodynamischen Institutes der Techn. Hochschule Aachen (AIA) und anderer Stätten der Luftfahrtforschung. Gesammelt als Beihefte zur „Zeitschrift für Flugtechnik und Motorluftschiffahrt" (ZFM) von der Wissenschaftl. Gesellschaft für Luftfahrt E. V. (WGL). Format: DIN-A 4. Ausführl. Prospekt kostenlos!

Wasserabfluß durch Stollen

Untersuchungen aus dem Flußbaulaboratorium der Technischen Hochschule zu Karlsruhe. Von Dr.-Ing. E. SCHLEIERMACHER. 60 S., 31 Abb., 3 Tab. Lex.-8⁰. 1928. Brosch. M. 5.50.

Rohre unter besonderer Berücksichtigung der Rohre für Wasserkraftanlagen.
Von Dr.-Ing. VICTOR MANN. 220 S., 138 Abb. Gr.-8⁰. 1928. Brosch. M. 11.50. Leinen M. 13.50.

R. OLDENBOURG, MÜNCHEN 32 UND BERLIN W 10

www.ingramcontent.com/pod-product-compliance
Lightning Source LLC
Chambersburg PA
CBHW081432190326
41458CB00020B/6178